内在清醒

唤醒直击本质的
深度认知力

阿秀◎著

中国友谊出版公司

图书在版编目（CIP）数据

内在清醒 / 阿秀著.-- 北京 : 中国友谊出版公司，
2021.4（2021.5重印）
ISBN 978-7-5057-5153-8

Ⅰ.①内… Ⅱ.①阿… Ⅲ.①人生哲学 — 通俗读物
Ⅳ.①B821-49

中国版本图书馆CIP数据核字（2021）第043935号

书名	内在清醒
作者	阿 秀
出版	中国友谊出版公司
发行	中国友谊出版公司
经销	北京时代华语国际传媒股份有限公司　010-83670231
印刷	唐山富达印务有限公司
规格	880×1230毫米　32开
	8 印张　160 千字
版次	2021 年 4 月第 1 版
印次	2021 年 5 月第 3 次印刷
书号	ISBN 978-7-5057-5153-8
定价	49.80 元
地址	北京市朝阳区西坝河南里 17 号楼
邮编	100028
电话	（010）64678009

目 录

第一章

精准定位：认清自己才能自我改变

第二章

拓宽认知：用思考驱动成长

第三章

价值崛起：打造你的硬核竞争力

第四章

聚焦未来：决定胜负的长远价值

第一章

精准定位：认清自己才能自我改变

普通人努力工作的意义是什么？

我最近租了一套房子，房东是一个 1998 年出生的北京女孩。

从言谈当中，我得知这个女孩是"老北京"，光她自己就分了 11 套安置房，从一居室到大三居都有，房子所在的位置也都很不错。

说真的，我当时还是有一点点羡慕的，不过尴尬的事还在后面。

签合同之前，她问我是做什么的。我说我是做自媒体的，我叫阿秀，公众号叫"进击的阿秀"。

她当时很震惊："你就是阿秀吗？我很喜欢你的文章，还置顶了你的公众号呢，基本每天都看！"

她确实对我的公众号很了解，她甚至还记得我在某篇文章里提到过"我毕业一年半，月收入增长近 50 倍"，连我自己都忘记了我曾经提到过。

她问我："你真的这么厉害吗？毕业一年半收入就涨了那么多？"

"哈哈，有什么强的，这不还是要来租你的房子吗？而且我们做自媒体的都格外辛苦，哪有你一年 100 多万房租来得爽啊！"

女孩笑了笑说："我以前学习不好，在技校学过中西式烹饪，毕业之后开了一家小咖啡店，也赚不到什么钱，我也怕会坐吃山空啊！"

我把这件事讲给几个朋友听，大家都表示：最可怕的不是你的竞争对手赢在了起跑线，而是直接被生在了终点线。面对这样的情况，我们努力还有什么意义呢？

但我不这么看，条件不如别人时，不是更应该努力奋斗吗？

- *01* -

不要总关注别人在做什么

我觉得仇富是最没有出息的行为了。与其在屏幕面前嫉妒别人比自己有钱，说别人为富不仁，还不如多想想自己怎么才能变得比他们更有钱。

2017 年 7 月，我参加了百度 AI 开发者大会，会上李彦宏说了一句很有意思的话："不要总是关注竞争对手在做什么，重要的是要关注自己应该做什么。"

我深以为然。

很多时候我们就是因为太关注别人，羡慕别人比我们有钱，羡慕别人的家庭能提供更好的条件，而迷失了自己的方向，甚至自暴自弃。

但羡慕有用吗？仇富有用吗？

我以前也会想，如果我们家也像某某家一样有钱就好了，但后来我发现，这种幻想不仅产生不了任何动力，还会打击我的信心。

我读书的时候，同宿舍的室友 A 家里很有钱，宿舍里另外几个人则是家境很普通的孩子。

有一次，室友 B 所在的训练队要去南方比赛，教练指定他为全队订机票，先垫付后报销。B 当时没好意思说自己没钱，只好回宿舍凑钱。我们三个人凑了半天，把下半学期的生活费都拿了出来，最后才凑了不到 7000 块钱。

这时，刚回宿舍的 A 在知道这件事之后对 B 说："我妈妈刚给了我生活费，我可以先借给你 2 万块钱。"

我当时的想法是，我半年的实习工资也就 2 万块钱不到啊！

坦白讲，我当时是有点儿羡慕 A 同学的，只不过我把这种羡慕转化成了前进的动力，靠着同时运营公众号和撰写专栏，实现了收入的稳步增长。

我想，我现在的收入与 A 同学应该不会相差太多，至少不会再像学生时期时相差那么多了。

现在的我完全不会羡慕任何人，看到别人过得比我好，我还会为对方感到开心。我只会对标某个比我优秀的人，然后向他学习，希望有一天能够做得比他更好，把这种"羡慕"转化成前进的动力。

-02-

不要让蝇头小利限制了格局

绝大多数人都在给自己的人生做加法，想要通过炒股、节衣缩食，或者每年加几百块钱工资这种本质上属于加法的手段来让自己暴富。

有位老师曾经讲过一位上海"股市大鳄"的故事。这位股市大鳄说："这些年我赚了不少钱，2000 年的时候我比马云还要富，但到今天我的财富却没涨多少，这是怎么回事？"

这位老师回答他："你倒霉就倒霉在这儿了。你在做加法，而马云在做乘法，你怎么可能赢得过他呢？你是今天炒点儿股挣 100 万，明天亏 50 万，来来回回最后年收入 1000 万，这种做加法的增长和马云做乘法的增长是没法比的。"

中国互联网企业过去 20 年的年复合增长率大约是 20%，假如马云每年的财富乘以 1.2，18 年乘下来可是了不得的增长，更何况阿里巴巴的增速还远超平均水平。

当然，绝大多数人要做成一家大企业不太现实，而要想通过炒股、节衣缩食这种手段来让自己暴富是根本不可能的。

但是花时间和金钱来投资自己，不断学习，努力工作，最后得到的收益一定比炒股甚至买房赚得多。

这就是刘强东为什么要求京东的管培生不要往家里寄钱，而要把这些钱花在买书、参加培训班上。他曾说："现在每个月往家里寄一两千元没有多大的意义，说实话父母也不需要。我希望等到需要赡养父母的时候，他们每个月都能几万几万地寄钱回家。"

所以，格局大一点儿，多给自己的人生做乘法，不要让一些蝇头小利限制了自己的格局，更限制了自己的前程。

-03-

不断精进的人永远都有机会

前一段时间，我看完了财经作家吴晓波老师的《激荡十年，水大鱼大》，里面提到北大国家发展研究院教授周其仁在总结过去 10 年中国经济和企业发展的时候，只用了 4 个字——水大鱼大，大意就是因为中国经济蓬勃向上，所以社会的方方面面都在快速成长。

巧的是，我最近还听过吴晓波老师的一个演讲。大意是让大家不要太纠结于阶层固化这种概念，觉得红利都让前人吃尽了，因为这几年不断有新的人走出来，还不断有新的企业冒头，大家仍然有机会。

就像"股神"巴菲特说的，"今天的投资者不是从昨天的增长中获利的"。历史的车轮仍然在滚滚向前，我们每个人都在不断迎接新的风口，面临新的历史机遇。

最关键的问题不是这个世界上还有没有机会，而是机会一直都有，只不过看你能不能抓住而已。

所以，你要不断精进，好好学习，努力工作，不断地拓展自己的格局，永远都不要觉得未来没有机会，更不要觉得努力没有意义了。

不断精进的人，永远都有机会。

内向是一种性格缺陷吗？

"每个人终其一生都在与自己的性格缺陷做斗争！"这句话让我记忆犹新。

曾有人调查出了以下这组数据：

87% 的人希望自己变得更加外向；

89% 的人希望自己能更加招人喜欢；

97% 的人希望自己的社交能力更强。

在很多人的眼里，内向包括不爱说话、社交能力不强等，是一种性格缺陷。但我认为，内向完全不是一种性格缺陷，反倒可能是一种性格优势。

尤兰达（Yolanda）就是一个很内向的人，她工作之初参加过一个航空业的商务聚会，波音、空客、霍尼韦尔、GE（通用电气）这些世界级大公司的老总都在现场。

所有人都在尽情交际，但尤兰达特别不适应，只好"祈祷"别人不要注意到自己。但往往怕什么就会来什么——当她躲在角落，手里端着气泡酒，嘴里塞着小点心时，一位外籍高管走过来寒暄。

尤兰达本来就很紧张，还一手拿酒一手拿点心，此时更手忙脚乱了，尴尬地回了一句"你好"之后，就不知道该说什么了。

后来的对话基本上就是对方问一句，尤兰达就嗯嗯啊啊地答一句。当时全场没有比这更尴尬的场面了。

再后来，尤兰达看了一大堆关于如何改变性格、学说话的书，她甚至还从我这里借了诸如《好好说话》《天下没有陌生人》之类的书。

最终的结果大家也可以猜到，这些书完全没有让尤兰达变得外向、善于社交，倒是尤兰达自己学会了不再纠结于如何改变自我和如何与自己和平相处，参加各种商务活动反而应对自如了。

-01-

内向转外向难如登天

好多读者都会问我："我很内向，在单位不受领导和同事的欢迎，我怎么才能外向一点儿呢？"

我往往都会告诉他，一个人的性格要受到基因、时代、生活环境、家庭、教育等很多因素的影响。

一个系统的组成元素、机制越复杂，它就越偏向稳定，抗改变能力也就越强。性格也是一样，经年累月形成的东西是很难改变的。

小左以前在凤凰网历史频道当记者，历史专业出身的他常年与纸堆打交道，这让本身就性格内向的他更加不善言辞。可是记者这个行当，与人打交道是不可避免的。后来，小左只好硬着头皮强迫自己跟那些学术大腕多交流、多沟通。过了两年，他着实认识了不少牛人，跟别人交流也都顺畅起来。

他原本是有一点儿得意的，认为自己真的改变了性格，成了一位外向型人才。但有一位专研民国史的教授，只用一句话就打破了他精心维系的"形象"："我觉得你还挺内向的。"

后来他才发现，原来那个内向的自己一直没有离他而去，本质上他还是内向的，只不过是沟通能力提高了，比以前有勇气跟陌生人说话了而已。

平时咨询"如何改变性格"这种问题的读者非常多，这让我很崩溃。

因为我如果告诉他们"性格是很难改变的，你需要改变的也不是性格，只要改变认知或者工作方法就好了"的话，他们可能会觉得我是在敷衍，甚至还会觉得我是一个骗子。但是出于经验和良心，我还是要说：性格是很难改变的。

我们需要认识到，这个世界上根本没有所谓的理想性格，有的人外向，有的人内向，有的人滔滔不绝，有的人不善言辞……

心理学大师荣格就曾说，世界上没有绝对的完美性格，如果非要找到这么一个人，那应该去精神病院。

-02-

改变天性不如顺应天性

当年大禹治水就总结出了一个道理：堵不如疏。性格方面也是一样，与其让性格为你的事业让路，不如顺应性格优势去发展合适的事业。

比如，国内有一位知名男演员从小就非常内向，但是他把这种内向转化成了优势。

他小时候胆小、内向，又不爱说话，常被人欺负，怎么看都不像是块能当演员的料。

后来，他好不容易反击了一次，把欺负他的孩子打得落花流水，还无意中打伤了两个小孩。受伤孩子的家长找上门来，内向的他甚至没来得及辩解，就被妈妈训了一顿。

他为此愤愤不平：明明是他们老欺负我，我怎么就不能还手了？

他表达愤怒的方式也很特别——把桌子上所有的东西都搬到了地上，摆得整整齐齐，跟在桌上一模一样。实在想不到，这位知名男演员小时候是这样发泄不满的。

他的父亲觉得他实在太"面"，不是块当演员的料，就索性送他去昌平养猪，好歹学个谋生的手艺。

可是一直梦想从艺的他偏偏就不服输，也不认为"面"是个缺陷，后来甚至还把自己的"面"当优势，在电影里演了一系列性格懦弱但是外冷内热的小人物。

他主演的电影在柏林电影节上映后，甚至有德国观众问工作人员：主演是不是业余演员，怎么好像是本色出演？

一定不要穿不合脚的鞋，与其慢慢适应，不如从一开始就选一双合适的鞋。

与其浪费时间和精力去改变自己的性格，不如客观理性地评价自己的性格，然后找到一份真正适合自己的工作。

-*03*-
=====

内向是一种性格优势

很多人认为内向是一种性格缺陷，其实不然，只要你找对了方向，站对了地方，内向反倒可能是一种性格优势。

最近很流行一句话："在一群人中最安静的那个人反倒可能最有实力。"

著名企业管理专家吉姆·柯林斯曾经在《从优秀到卓越》里说过，最高层次的企业管理者恰恰就是那些不善言谈、看起来有些木讷的人，这些人往往更加谦逊、有定力。

他举了一个例子。在 1975 年到 1991 年间担任吉列集团 CEO（首席执行官）的莫克勒，曾带领公司扛住了露华浓公司的两次恶意收购，并赢得了和科尼斯顿投资集团的较量。

莫克勒大可在收购完成之后带着巨额的股票收入退休享清福，但作为职业经理人，他还是力排众议，拒绝了收购方高达 44% 的溢价，聚焦长远价值，倾注全公司之力研发新技术。

正是由于这个内向、腼腆、羞涩的领导者的坚持，吉列的股价在 10 年间涨了 6 倍多。这在资本市场上是十分罕见的。

如果你有机会研究一下那些青史留名的人，就会发现他们当中性格内向的人占了很大的比例。他们的性格特点，比如寡言、羞怯，更多地会被看成一种优势，而不是劣势。

事实上，不管性格内向还是性格外向，你都会有自己的优势，也都会有自己的劣势。你需要做的就是找到适合自己的位置，然后充分发挥天赋，完全没有担心的必要。

真正科学的生活方式，不是"胜天半子"，而是"与狼共舞"逐渐学会与自己现有的一切和平相处，努力想办法解决问题，通过各种手段弥补自己的"缺陷"，或者干脆换一个努力的方向，而不是纠结于如何改变性格、改变自我。

如果你已经发现了这个秘密，恭喜你，你正在成长。

太把自己当回事的人往往走不远

Y老师是知名财经媒体的记者，因为公司平台好，刚入行就采访了很多业界精英。

Y老师成长得很快，从业两年就小有名气，但是最近两年却不见她有什么重要作品，偶尔发表的稿件的水平也很一般，甚至很多都是企业通稿。

听说Y老师在单位内部也不受待见，愿意帮她的人越来越少。

前几天我参加了几位知名媒体老师组织的私宴，席间大家谈到Y老师，一致认为她之所以走不远，就是因为太把自己当回事。

一般来说，媒体圈子里的人是不会直接褒贬同行的，但是这一次各位老师少见地直接表达了不满：能耐没多大，架子倒是摆得比谁都大；总在混圈子，用不着你时连招呼都不打；身段非常高，总是觉得自己天下第一。

这是很多人的通病，初期自己发展得很不错，但只要稍微有点儿成绩和权力，就特别容易把自己当回事。

他们总觉得自己高人一等，架子得摆起来，圈子得混起来，这样才能显示自己不是一般人，自然而然身段也就高起来了，不再谦虚谨慎。而这正是他们的"取败之道"。

-*01*-

莫名其妙摆架子

大家肯定都见过这样的人：一旦手里有点儿小权力，或者工作上有点儿小成绩，就开始摆架子。

他们这种架子摆得莫名其妙，他们以为自己能"卡别人脖子"，就开始摆谱儿，但实际上他们这点儿权力离开所在圈子、平台之后毫无价值。

更重要的是，一个人的成长是要靠无数人帮扶的，这种摆架子的行为很容易让别人产生厌恶感，很多机会也会因此而溜走。

我曾经跟 Y 老师一起去长沙出差，亲眼见识过这位年轻老师摆架子：我们都住在普通房间，她扬言自己非行政房不住；采访结束后她要在长沙"转转"，要专人陪玩；不坐我们统一乘坐的"考斯特"，要专车接送；老念叨自己喜欢某件展品，言外之意就是问主办方能不能送她……

绝大多数行业的圈子都不大，特别是媒体、PR（公共关系）这种圈子，Y老师的行事很快就传开了，甚至还有人在知乎上匿名吐槽她。业内的人都在评论区爆料，大家聊得一片欢乐。

越是这种刚刚开始起步、有点儿小权力的人，就越容易摆架子。而越优秀、越真正有实力的人，越没什么架子，极具亲和力。

真正有实力的人行事就像电视剧《虎啸龙吟》里司马懿对曹操说的，"一路走来，没有敌人，看见的都是朋友和师长"。

很多人就像Y老师一样，有点儿小权力和小成绩就飘了，觉得自己跟普通人不一样。特别是在别人有求于他的时候，架子能摆多大就摆多大，恨不得从人家身上刮层皮下来。

Y老师这类人的气度和格局远比不上那些商业大鳄。商业大鳄之所以"一路走来全是朋友"，原因就是谦逊、低调，或许这就是他们能够驰骋商界几十年的奥秘。

-02-
========

一文不值的圈子

太拿自己当回事的人往往喜欢混圈子。一方面是因为他们觉得比自己层次更高的人早晚能帮到自己，另一方面是他们觉得只有更高层次的圈子才能配得上自己的"身份"。

越是有这种心态，他们就越会重点关注那些可能帮到自己的人，而那些"用处"不明显的人，他们就不太会关注。

这样混圈子弊大于利。如果你自身的价值不高，那么真正的大佬不会愿意帮你；同时也很容易轻慢那些隐藏的牛人，等于无形之中给自己下了绊子。

朋友给我讲过 J 的故事：J 在混圈子的时候只会重点关注那些可能用得上的领导、老板，但是对于那些地位跟他差不多或者不如他的人，他连招呼都懒得打。

我这个朋友有一次跟 J 在一个正式的商务场合遇到了，朋友觉得很巧，就去跟 J 打招呼。J 只是很冷淡地看了他一眼，说了句"Hi"，就继续盯着会场的某个角落。

当某位老板从那个角落出来的时候，J 马上换了一副面孔，满脸堆笑地迎上前去。

J不跟我的这个朋友打招呼，可能一方面是不屑，觉得他不配跟自己打招呼；另一方面是觉得他没用，犯不上跟他打招呼。

后来J所在的团队不知道怎么跟我朋友的领导牵上了线，有个项目想要合作。朋友就把这段经历说给领导听，合作就再也没有了下文。

相信这个项目的损失，要远比当时热情地打个招呼花费的成本大得多。

可见，人不能太把自己当回事，毕竟这个世界上，谁用不到谁呢？不应该把每个人都"明码标价"，有用的人亲热点儿，没用的人冷淡点儿。

-03-
═══

格外僵硬的身段

太拿自己当回事的人，容易把自己的身段臆想得很高。

他们总觉得自己是天选之子，踏实不下来，更不愿意去做脏活儿、累活儿。被别人批评的时候，也只会梗着脖子强词夺理，根本不会好好反思自己的问题。

他们认为一直要强，一直强调自己高人一等，才算是有人格、有志气。

我认识一个很有才华的男生，他曾经是本部门的重点培养对象。1992 年出生的他 3 年完成三级跳，成了一个团队的负责人。

不得不说，这位小兄弟真的是很有才华，负责的产品线在整个大事业群里都排得上号，每次 KPI（关键绩效指标）考核的排名都非常靠前。

可是有一次开月度总结会，大事业群的首席架构师问了他一个问题："你们产品的 ×× 功能做过用户调研了吗？"本来领导就是随口一问，但是这个男生却觉得自己下不来台了，硬生生地在全体员工面前顶撞了上司："我又不是第一次做产品，怎么可能不做用户调研？"

接着，争吵愈演愈烈，最终以尴尬收场。

但是事情没有这么结束——这个小兄弟的业务线以肉眼可见的速度收缩，在整个事业群里越来越不受待见。后来他黯然离职。走之前聚餐时，他还对上司说："我的面子就不是面子吗？你当场质疑我，我还不能辩解两句了？"

我很认同作家黄佟佟评价马东的那段话："他是一个身段柔软的人，将他装进任何一个容器里，都可以盛满这个容器。"

一个人把自己看得很重、很高，很简单；一个人把自己看得很轻、很低，却很难。

这些太把自己当回事的人，老觉得世人分三六九等，而自己就是第一等的人，这种心态归根结底还是因为不自信，所以极度地需要自信，渴望得到别人的认可。

这样的人，往往是走不远的。

真正决定人生的是挫折商

余华说："中国年轻一辈人里面，有很多优秀者，但很少有能扛得了事儿的人！"

这里的扛不住事儿，在心理学上有个更专业的说法：挫折商太低。

01
脆弱的时候一下子丢盔卸甲

现在很多人看似坚强，但往往充满脆弱感。平常好好的一个人，能攻关、能吃苦、能战斗，却会因为一件小得不能再小的事丢盔卸甲，一溃千里。

28 岁的王雅歌来北京已经 5 年了，在广告公司工作的她有一个很光荣的外号——"铁人"。

因为她每天加班到午夜一两点钟，但是第二天却依然能在 9 点前准时到公司，妆容、气色都丝毫不差。

大家不知道的是，王雅歌只是习惯了而已。她常年挤地铁练出了一个很牛的本事，就是不管多拥挤，她都能在地铁上化好妆，哪怕人山人海，也干扰不了王雅歌拿眉笔的手。

可是有一天，"铁人"王雅歌被一声嫌弃的"啧"打败了。

那天早上，雅歌实在是有点儿来不及，就带着早饭上了地铁，尽管没吃，可还是有味道飘了出来。

旁边的一个男乘客嫌弃地啧了一声。雅歌看着他嫌弃的眼神，赶紧把袋子的口紧了紧。

那天是雅歌工作以来第一次迟到，因为她蹲在早高峰人山人海的地铁出口旁边哭了许久。

其实很多时候，打败一个人的并不是他人的攻击，而是一件小到不能再小的事情。爱人一个轻蔑的微笑，同事一个无足轻重的玩笑，路人一个嫌弃的眼神，就会让人的心防一溃千里。

02

挫折商低的代价可能大到你根本无法承受

挫折商又被称为"逆商"，是由美国教育大师保罗·斯托茨提出的。

所谓的挫折商，其实就是一个人对大大小小挫折的抵抗能力。

你身边一定有这样的人：因为失恋萎靡一整年，不管做什么都提不起精神来；因为老板的一顿责骂就郁郁寡欢，对自己的家人、朋友横眉冷对，让所有人都感受到他的不开心。

朋友大卫曾经因为失恋，整个人都十分萎靡，而且干什么都提不起劲。

后来他负责起草一份给大老板的演讲稿。尽管他知道这项工作十分重要，也打起了十二万分精神，但还是写得文不通、句不顺。

不幸的是，那一次大老板完全没有时间准备演讲，直接拿着他写的演讲稿上了讲台。结果可想而知，在台上尴尬的老板到台下暴跳如雷，如果不是因为大卫以前确实兢兢业业，恐怕就被辞退了。

这件事让大卫猛然醒悟，失恋是每一个人都可能面临的人生考验，在漫长的人生里其实根本算不上什么。既然已经失去了，为什么还要让她影响自己的生活呢？

事实上，偏偏就有很多年轻人想不清楚这一点。

《南风窗》杂志曾经通过中华医学会精神病学分会了解到，我国于 2012 至 2013 年间，自杀的人数保守估计约在 20 万。自杀的原因有很多，有的人是因为失恋，有的人是因为生活的压力，有的人是因为高考没考上心仪的学校……

人生本来是一个漫长的过程，但是有的人仅仅因为遭遇一次失败，就葬送了未来充满无数可能的人生，还把周围人的生活也搞得一团糟。

03

高挫折商让你成为打不死的"小强"

我曾经见过很多人，他们未必是最聪明的，也不一定是资源最多、人脉最广的，甚至情商也未必高到哪里去，但他们却成就非凡。

其中很大的一个原因，就是他们挫折商实在太高，不管是什么挫折都不能打倒他们。他们总会在最贫瘠的土地里，想尽办法开出花来。

原腾讯副总裁吴军老师在他的《态度》一书中，强调的观点就是由于处事的态度不同，起点差不多的人会不断分化，进而拉开命运的差距。

联想集团创始人柳传志先生是我最佩服的人之一。当年联想遭遇重大经营危机，柳传志孤身一人跑到香港，把公司所有的人都叫到面前，说："我今天是个要跳楼的人了，这100万美元是我在国内的全部资产，如今全丢了，我没脸面再在世上活了。"

可是他并没有放弃，反而越挫越勇。

后来的结果大家都知道了，柳传志所带领的联想集团战胜惠普、戴尔，收购了国际百年企业IBM的个人电脑业务，成为全球第一大PC（个人电脑）生产商。

04

==

如何提高你的挫折商？

到底该如何提升一个人的挫折商呢？

在保罗·斯托茨看来，要想提高一个人的挫折商，可以从这四个方面着手：

1.控制：在考验来临时，你能否控制住场面，或者说你的内心是不是有对大局的掌控力。这种掌控力不是一时一刻就能培养出来的，你要从小的事情着手，培养自己的大局观，对每一件工作都进行分解、优化，培养自己控制局势的气场和能力。

2.寻因：遇到问题、困境，首先不要痛哭流涕，而是积极地寻找原因，想出解决的办法来。如果旧的办法不起作用，那就换一个新办法。这也是一种心态的问题，遇到问题能否积极解决，很大程度上反映了这个人的人生观是积极还是消极。

3.延伸：你能不能控制住自己的情绪，不让自己的情绪影响到别人和自己生活的其他部分。特别要注意千万不要让自己成为祥林嫂，对碰到的所有人都讲述自己的伤痛，这样除了让自己的伤痛更痛，还会影响别人对你的观感和评价。更重要的是，这对解决问题没有丝毫帮助。

4.耐力：遇到困难，你能坚持面对吗？成年人的世界里没有"容易"二字，困难就像大海里的浪，不是一次性打完，而是一浪接一浪。能够面对一次又一次的考验，才是人最重要的能力。所以在日常生活中，你可以多试试耐力性的运动，例如长跑、游泳等。

遇到问题时，先分析，再解决

有读者曾问我，为什么我的文章总是在分析问题，而不说怎么解决问题。我想，他们恰好走入了一个误区。

他们认为发现问题不重要，重要的是给他们一个方法去解决问题。可这就如同认为读书不重要，只要拿到几个解题方法，高考就能考高分一样。

你连自己都没了解透彻，就想用千篇一律的方法论自我改变，别闹了好吗？

就像心理学大师荣格说的，你没弄清楚的那些东西，恰恰才真正决定你的命运。

这就是我想说的：真正的解题高手，都会踏踏实实地研究自己的问题，然后在研究问题的过程中找到解决的办法，而不是期待突然出现一个智者给自己一把万能钥匙，解决自己所有的问题。

-01-

世上最简单的事情就是给人提建议

世界上最简单的事情，恐怕就是给人提建议了。

演讲的人总是觉得重要的是解决问题的办法。如果你去研究很多人的PPT(演示文稿)，就会发现PPT中讲"是什么"和"为什么"的部分往往被一笔带过，而讲"怎么办"的部分却连篇累牍。可是在很多场合之下，讲明白"是什么"和"为什么"尤为重要。

我本科是应用心理学专业，我记得变态心理学的老师三番五次地告诫我们，千万不要以为自己学了一点儿心理学知识，就能去给人家做心理咨询。特别是那些不明就里、按照书上的方法乱说一气的人尤为可恨，害人又害己。

所以我一直认为，首要的是研究问题，而不是忙着找方法论。

你连自己都没认清，怎么自我改变？

-02-

解决问题需要换位思考

这个世界上有没有一个方法，能够解决世间所有同类型的问题？

没有。

也许有人会举一个反例："不对吧，'管住嘴，迈开腿'不就能解决一切肥胖问题吗？"

首先，这不是一个具体的方法，而是一个相对宏观的原则；其次，这个原则并不适用于所有人。比如我吃得并不多，也注意运动，但每天只睡 4 个小时，还是会出现严重过劳肥的问题。所以，解决问题的关键还是要换位思考。

我有一段时间压力很大，每天都觉得很压抑。一个师妹在我的朋友圈下评论："师兄，累了就多休息，困了就睡觉，压力大了就去散散心，没什么大不了的事！加油！"

那时候我才发现，不知道当事者真实情况的人，永远都提不出真正有用的建议。

有的人看到新闻里某些老板因为欠债跳楼，就会说"欠债了就去还上呗"——这么说当然"合情合理"，但如果他们真的站到老板的处境里，就会知道一切都没那么容易。

所以，只有通过换位思考，我们才能提出真正对别人有用的建议。否则，我们的建议只不过是些无关痛痒的废话罢了。

-03-
═══

拒绝围观心态，只想看答案的人永远解不好题

不知道在学生时期有没有老师告诉过你，碰到自己不会的题一定要先自己想办法，千万不要想着马上去翻看答案。

一方面，答案对提高你解题的能力没有帮助；另一方面，答案还会让你产生依赖感，一遇到难题就想看答案。

人生就像做习题，你不能一遇到难题，就去翻看答案。更何况，人生常常是没有标准答案的。

曾经有位读者说她已经工作 10 年了，同期进公司的同事很多都当上中层，只有她还在原地打转。可是她既没有心情学习，也不擅长跟领导、同事处理关系，问我该如何取得进步。

我当时回复她：谜底不就在谜面上吗？既然知道自己的

问题是知识不够、业务不好、处理不好人际关系，那么就应该先好好钻研自己为什么会出现这些问题，再去研究应该怎么解决这些问题。

这就是典型的围观心态。她就像一个围观自身问题的人，根本没有费心去研究自己为什么会这样，反而期待一个智慧的第三方来解救她。

可这样真的有用吗？也许你已经被某个问题困扰数年甚至更久的时间了，却依然没自己想办法解决，那么即便是别人为你量身定做一套计划，你也很难执行下去。

遇到难题，既不要等，也不要若无其事，更不要期待第三方来给你答案，你要养成自己解题的习惯。因为人生中真正的解题高手，不会假想人生的题目都很简单，也不会解不出来就绕过难题，更不会寄望于有人来直接告诉自己答案。

真正的解题高手只会钻研问题，然后解决问题，就这么简单。

没有见识的努力是瞎忙

鑫哥是一家行业报社的资深记者，在北京奋斗了10年，去年终于提了副处。

前几天鑫哥约我吃饭，刚坐下就说"我准备辞职了"。

我一点儿也不惊讶，鑫哥抱怨过无数次了，"副处级月薪才6000块，而且在我们这种事业单位，整天谨小慎微，心太累了"。

就是这次提副处，还有人写信举报，说鑫哥接受外企邀请出国采访，多待了4天才回国。

其实那次多待的4天，完全是鑫哥自己出钱。快40岁的鑫哥还没出过国，就趁机在国外玩了几天，食宿自费，花了近半个月的工资，心疼得不得了。

我知道鑫哥是真穷，尽管是在房价便宜的时候买的房，两边老人一起支援了首付，但房贷还是把鑫哥两口子压得喘不过气。

这之前，鑫哥一家已经5年没回昆明老家过年了，原因竟然是机票太贵。今年还是跟我借了1万元才回家过了个年。

有一次喝完酒，鑫哥直抹眼泪说：我觉得自己挺不孝顺，也挺没出息的，加班加点地干了这么多年，一分钱给不了家里不说，还经常得跟爸妈要钱。

我给鑫哥分析，他并不是工作能力不强，更不是不努力，只不过在很多事情上走了弯路。

-01-

见识太窄的人总是庆祝平庸

前几天，中信出版社送我一本吴军老师新出的《见识》，这本书把见识这件事说透了。书里说："很多人之所以成不了大气候，不是因为能力不行、机会不够，而是因为见识太窄，导致目光短浅，对自己一点儿平庸的成绩自得自满，过早地选择了安逸的生活，停止了奔跑。"

鑫哥10年前进入这家行业报社，当时这家报纸在业内的待遇和影响力都还可以。加上很快就拿到了北京户口，当时鑫哥可以说是志得意满。

但这10年，互联网发展风起云涌，报业受到的冲击日甚一日，鑫哥 5000 块的月薪一拿就是 5 年，直到评上高级职称，又升了副处，月薪才涨了 1000 块。

按理说，传统媒体式微的信号很明显，体制内的晋升道路又无比漫长，每上一级的调薪也微乎其微，鑫哥在选工作的时候竟然完全没考虑，只是觉得能在北京留下，拿个户口就很好了。

而且这 10 年外面的世界发生了那么大的变化，可是鑫哥的技能和知识结构，跟 10 年前比竟然没什么根本的改变。

鑫哥一度觉得自己很牛，一来到报社，就有好几篇稿子上了头版头条，还是报社里拿产经新闻奖最年轻的记者。领导几次当众夸鑫哥：我们很看好你。

这些成绩对刚工作的人来说是不错，可是如果放到一个更长的时间尺度上，这些都不值一提。

鑫哥是在被工资条一次次打脸，自己的同学都一路高歌猛进之后才悟出了这个道理。

吴军老师也说，20 年前自己的语音识别技术在国内还算不错，但是在一次国外的学术交流上，对比约翰·霍普金斯大学、麻省理工、卡耐基·梅隆大学的顶尖高手，才发现自己的那些东西根本不算什么。

后来吴军干脆放弃了自己在国内的一切，到约翰·霍普金斯大学读博士，见识了许多世界级的计算机大师和很多在国内根本接触不到的技术。

吴军回忆那段经历时还感叹道：如果没有那次学术会议，我会一直觉得自己蛮不错的，永远不会知道外面的天地有多大。

见不到天地之大的人，总会觉得自己做得已经很不错了，可是跟真正的不错比起来，可能差得太远了。

-*02*-

缺乏价值观支撑的勤奋不能持久

真正的勤奋，都是需要价值观支撑的。

真假勤奋的区别在于，你是真正认可勤奋工作的意义，还是觉得勤奋是给别人看的。

很多人都在演勤奋。这不是说那种没有战略、没有效率的勤奋，而是说很多人在表演，要么是展现给领导、同事看，要么单纯是为了发个朋友圈，可是当真正被繁重的工作考验时，很多人就现了原形。

有一次我坐高铁去上海参加活动，遇到一位自称来自发改委某机构调研组的老先生。

老先生跟我聊了很多。聊到他们在江苏做的一个水利调研项目的时候,他说:"只有真正的勤奋才能改变一个人的命运,那些假勤奋的人看起来很风光,其实最后达不到很高的高度。"

我问:"您觉得什么是真正的勤奋?"

老先生说:"有的人真勤奋,他觉得一件事情交到他手上,千难万难也要完成;有的人假勤奋,他们工作的时候就是熬时间,跟领导汇报的时候张口闭口每天工作 18 小时,为的是让领导看到他们的苦劳。"

他还举了他们在江苏做水利调研的例子。这种调研可不是简单开开会,随便写两个报告,而是真的要深入水渠、大坝调查,而且要反复地开会研究、写报告。

加上当时领导的工作作风很硬朗,大家每天都工作 16 个小时以上。

在最开始,所有人都跟领导表态自己要全力以赴,哪怕不睡觉都行。可是连续一星期的高强度工作以后,有的人开始磨时间,有的人开始跟领导诉委屈,有的人开始屡屡出错。只有一小部分人还坚守在工作岗位上,认认真真,一如开始。

能够做到"不厌其烦"的人,往往都是超人。

这种人的勤奋才是真的勤奋,一个人的工作生涯不是短短三五年,而是 30 年,甚至 50 年。

如果勤奋没有价值观支撑，只靠表演，是演不下去的，也是演不好的。

-03-

透过表象找到属于自己的人生节奏

绝大多数人追求的都是比较表象的东西，比如高工资、户口、房子、车子。

虽然这些很重要，但是如果总是追求这些比较浅层次的东西，就很容易忽略真正重要的东西，打乱自己的人生节奏。

那什么是人生节奏呢？就是找到真正属于自己的位置，然后持之以恒地坚持下去，不断地精进，而不是看到别人买房买车了，你也要；看到别人娶妻生子了，你也要；看到别人年薪百万了，你也要。

你要思考的不是别人做到了什么，所以你也要做到什么，而是要思考你原本需要什么，所以你应该做到什么。

在这个过程里，人很容易分心，也很容易被物质的东西拉到现实当中来。

但是你要明白，那些真正伟大的东西往往跟钱无关。

这不是说钱不重要，而是说顺序不对：聚焦短期的利益得失，会让你忽略真正有价值的东西。这就是所谓的"富人思来年，穷人思眼前"。

有一家互联网公司的老板，今年融资近3亿美元，我为他做了一次采访。

采访的时候，他给我讲了一个故事：他的两个师兄毕业的时候技术实力都很强，A师兄为了高薪进了IBM（国际商业机器公司），B师兄因为看中了雷军和国内智能手机市场，跟随雷军一起创立了小米。

现在两个人的人生状态不言自明了。

现在回过头来看，很多人当初看重的东西，比如薪水，比如出国、津贴这些看似优厚的待遇，其实并不是那么重要。

所以，你要去找到真正热爱并且擅长的东西，持之以恒地坚持下去，而不要受到无关的东西的牵绊。

不要再随波逐流，奔跑吧！

毕业 5 年后，为什么你跟同龄人的差距越拉越大？

很多职场"老司机"都会发现，毕业 5 年之内，好多新人虽然在成长速度上有差别，但是也不太明显。5 年过后，一些人很可能会突然进入职场爆发期，取得相当的成就，成为项目组的带头人，成长更快一点儿的能够走上总监甚至副总级别的岗位。

很多人在毕业 5 年后陷入瓶颈期，成长和成就都进入缓慢增长阶段，很快就泯然众人矣。这个转折点往往就在你的同龄人 30 岁左右突然成为部门主管，而你还是普通职员的时候被看出来。

这种落差看似是断崖式的，但其实是前 5 年之内点滴积累所造成的，如果你仍然意识不到问题出在哪里，未来这种差距只能越拉越大，哪怕努力奋斗 18 年也很难与对方站在同一个台面上。

为什么会这样？

-01-

初学者心态正在丧失

禅宗中有一种"初学者心态"，好多高僧大德都保持好奇心，保持谦虚，对一切事物保持开放心态。

这种心态对乔布斯的影响非常大，他也始终认为"拥有初学者心态，是件了不起的事"。这也就是他为什么在知名的斯坦福演讲里提到"保持初心，保持饥渴"。

好多人在一个领域内待久了，根本用不了5年，甚至1年就丢掉了初学者心态。

因为人往往只需要一两年就可以对行业内的基本知识和基本逻辑有所掌握，他们就会习惯于用既有的经验和逻辑来执行日常工作。在这样的既定模式的操控下，他们往往很难取得成绩。而且如果不是经常能够见到更牛、更专业的同业者，这些人是很难认识到自己的差距的。

但是有初学者心态的人会放下自己的知识背景和一切成见，努力从"无"的角度来思考问题。

例如在键盘这个问题上，乔布斯很奇怪，为什么大家好像都默认电脑必须有一个键盘呢？没有键盘到底能不能行呢？我们怎么才能做到更好？

有一段时间，乔布斯几乎是见人就问，但是从所有人那里得到的答案几乎都是"理应如此"，而且也不必做出什么改进。

后来只有一个工程师告诉他，世界上没有什么事情天经地义，键盘糟透了。两人一拍即合，做了大量工作，最终开发出了真正意义上的触摸屏。

真正成长速度快的人，更能够保持初学者心态，时刻提醒自己不要被行业内既有的规则和理念束缚住，时刻对自己面临的问题保持好奇心，勇猛精进。

时间越久，两种人之间拉开的距离也就越大。

-02-

缺乏内在驱动力

你苦吗？你累吗？你冷吗？你饿吗？

那又怎样？

这些全都不重要，只要你不愿意落在后面，别停下就是了。

埃隆·马斯克在接受媒体采访时，含泪讲述了自己做特斯拉的经历。

特斯拉面世以来，不仅华尔街丝毫不看好，而且还受到了来自传统汽车、石油供应商持续不懈的攻击。甚至当时美国共和党总统候选人罗姆尼还用特斯拉面临严重亏损的案例质问奥巴马，高达 900 亿美元的新能源政策怕是一个子儿都收不回来了。奥巴马无言以对。

雪上加霜的是，马斯克遭遇了 2008 年的金融危机。为挽救特斯拉面临的破产危局，马斯克不得不通过上市筹资来渡过难关。出乎所有人的意料，短短几年，特斯拉就还清了美国政府的 5 亿美元贷款，甚至还让纳税人多赚了 2000 万美元利息。而同期的福特、通用却一直没有还清贷款。

马斯克在纪录片里号啕大哭，可是当记者问他为什么不放弃的时候，他眼含热泪告诉记者："我从来不知道什么叫放弃。"

这让我想起了今日头条的创始人张一鸣曾经在采访里被问到在看什么书，张一鸣说了好多鸡汤励志书籍。好多人嘲笑张一鸣没文化，而且水平太低。

尽管我跟张一鸣差了十万八千里，但作为一个小创业者，我深深理解张一鸣为什么要看那些书。

因为当你身后有上万员工等着吃饭，可是你却不知道前面的路是不是一条死路，踏错一步不仅会断送上万人的饭碗，也很可能会让自己万劫不复的时候，你根本不想也不敢停下来。张一鸣读这些鸡汤文，就是要借它们给自己鼓劲，不让自己停下来。

其实每个人都很害怕失败，只不过有的人选择放弃，有的人负重前行。一直往前走的那个人，当然会走得更远一点儿。

-03-

一只缺乏战略规划的无头苍蝇

有一个概念非常火，叫"停止无效努力"。光在我的朋友圈里，就有三个作家的新书用了这个名字。

成长速度快的人，他们的职业生涯规划都是一场接力赛跑。人生的每个阶段，他们所做的每一份工作都为了一个共同的目标发力，尽量少做无用功，而不是让不同的工作相互抵触。

但是成长速度慢的人却缺乏这种认知，他们不仅在职业规划上东一榔头西一棒子，就算在一个行业里面也没有相应的目标和专精的领域。

BBC（英国广播公司）著名的纪录片《人生七年》曾经追踪各个社会阶层的孩子几十年，每7年记录一次他们的生活和工作状态。

BBC发现，相比下层社会的孩子，上层社会的孩子有更加清晰的人生规划和目标。他们从小就开始接受精英教育，比如从小就开始看《经济学人》杂志，以及培养其他各种各样的好习惯。

而下层社会的孩子们就没有那么清晰的目标，他们人生的各个阶段就像一场拳击赛，不同的学习和工作经历之间完全没有起到互相促进的作用，甚至不同的工作经历也并没有让他们学到太多东西，只是浪费了很多精力。

这就是为什么人和人之间成长差异在不断加大。

成长速度快的人，往往立志成为一个行业的专家和顶尖人才，他们更加专注于研究某些核心问题。这就是为什么汽车专业的本科生学的是汽车整体，而研究生学的是某个系统，博士生则可能精细到研究某一个部件。知识越往上走，路径是越来越精细的。

-04-

从来没有老板心态

所谓的"老板心态"其实很简单，就是你把这份工作当成自己的事业来做，而不是只当成"打工"。

大家都知道这两者之间的差别，"打工"往往意味着"差不多"就好；而"事业"则往往是要精益求精，意味着要多想、多做一步。

就像一位老师讲述他的助理订机票的故事：

最没有老板心态的助理，帮老板订了机票就完了，也不会考虑是否省钱。

再高一级的助理会想帮老板省钱，还会帮老板安排接送机服务和宾馆。

顶级的助理考虑的不仅是省钱，还会考虑飞机起降的时间会不会影响老板的休息和第二天的工作，而且会在安排好行程的基础上，为老板准备在路上可以看的详细材料。

哪种助理会把工作当成事业来做，一目了然；哪种助理最让老板离不开，最可能获得升职加薪，也一目了然。

这不仅仅是工作能力的问题，而是工作心态的问题。真正把自己当成老板的人，总是会再多问一句："哪里还能做得更好？"

日积月累之下，两种人的成长差异会巨大无比。

抛弃你的不是同龄人，而是你自己

"摩拜单车被美团收购，管理团队出局，80后创始人胡玮炜套现15亿元人民币"，这篇文章曾经一度刷屏。

同时还有一篇文章也在刷屏——《摩拜创始人套现15亿：你的同龄人正在抛弃你》。

言外之意，就是又一个别人家的孩子过得比你好。

再看看你，同样是80后、90后，你怎么就腆着油腻的肚子，坐在一二三四五六七八线城市简陋的办公室里，还着房贷，过着一眼就能望到头的平淡日子呢？

哎呀，一个又一个的同龄人混得都比你好，你都不配说自己跟别人同龄啦！你还在原地踏步吗？你的同龄人早把你抛弃了。

是不是似曾相识？

自媒体老师们，正在靠贩卖同一种口味的焦虑，收割一个又一个的"10W+"。

-01-

不要总盯着别人，真正的高贵是优于过去的自己

海明威曾经在《真实的高贵》里说："优于别人，并不高贵，真正的高贵应该是优于过去的自己。"

很多人并不这么看。

跟我差不多大的胡玮炜套现 15 亿了，而我离一个小目标都还差 9999 万；李叫兽团队被百度用 1 亿元收购了，而我还连 BAT（百度、阿里巴巴、腾讯）的门都进不去；同道大叔 28 岁的时候就融资 3 亿元，而我只会看着星座运势整天傻笑。

怎么同龄人都那么成功，而我却什么都没有呢？于是你的人生里就剩下懊恼和颓废。

但是，你真的知道这些牛人故事的背后到底发生了什么吗？

你知道摩拜管理团队其实算是被资本抛弃了吗？而且原本他们的前程可能会更远大；你知道李叫兽团队在百度有什么成就吗？后来的新闻和辟谣，说明他的职业生涯可能并不像你想的那么好；你又知道同道大叔从清华美院毕业后，刚

创业的时候经历了多久的低谷期吗？

你看到了他们的光环，却没看到他们的痛苦。

你之所以觉得痛苦，是因为你选错了比较对象，你想跳过他们承受的那些苦，直接变成优秀的他们，可能吗？

你整天想的都是人家这样了，人家那样了，唯独不知道自己该是什么样。

你应该努力地让自己比过去的自己更好，去找自己的路，而不是去追逐那些你丝毫不了解的人，试图走一条别人走过的路。

-02-

最重要的从来都不是钱

资产 15 亿元的人一定比资产 1000 元的人牛吗？

我一直认为，穷或者富并不是区分人的唯一标准。

我不是唱高调，我是觉得如果你把眼光全部投注在钱上，那你的成就一定不会太大（不一定赚钱少，有钱和有成就是两码事）。

当你只把眼光投注在"赚多少钱"上时，你就会忽略掉很多真正有价值的东西。

我不是抬杠。

乔布斯去世时留下了 141 亿美元的财富，而同期盖茨的身家是他的 3 倍以上。乔布斯一定不如盖茨吗？

马斯克身家 196 亿美元时，王健林身家 313 亿美元。在太阳能、电动汽车、航空航天做了无数开创性工作的马斯克，就一定不如王健林吗？

这两个例子虽然有点片面，但是至少说明了钱并不是衡量一个人价值的唯一要素，更不是根本要素。

那衡量一个人价值的根本要素是什么呢？我认为是事业。真正能为社会做出贡献，真正能够让你愿意全力奋斗的事物，都可以称为事业。

不管是乔布斯还是马斯克、盖茨，他们关注的并不是赚钱，而是自己的事业本身。

钱虽然有多有少，但是一份事业只要是你梦想追逐的，就不分大小。

乔布斯当年在接受《花花公子》采访时曾说："如果把所有的注意力都放在钱上，你根本不会看到过去 10 年间发生在我身上最深刻或最有价值的事情。"

乔布斯还说了一句意味深长的话："现在的年轻人已经

不再谈理想主义了，他们更愿意学习商科而不是讨论哲学问题。可他们不知道，电脑领域创造的亿万富翁全都是年轻的狂热分子。"

我相信即便是套现 15 亿元的胡玮炜，还有同样拿股份的摩拜 CEO 王晓峰，如果有机会，也更愿意让摩拜独立发展，成为一家世界一流的公司，而不是成为某个公司的一部分。

所以说，理想主义还是要有的。

-03-

同龄人是不是抛弃你不重要，重要的是你有没有抛弃自己

当年同道大叔融资 3 亿元的时候，我也有过类似的焦虑：为啥人家都这么成功，而我咋就比不上人家呢？

一位非常资深的媒体前辈或许是感受到了我的焦虑，主动跟我说了两句意味深长的话："每个人的命运都是不一样的，你不知道别人背后经历了什么，不要盲目地去追求别人的成功。你能做的就是始终保持勤奋。"

很多人过得不如意的时候，往往不会思考是不是自己放

弃了努力，他们只会觉得是自己运气不好，给自己戴上怀才不遇的高帽子。

前几天我在看《大佛普拉斯》的时候，一篇影评说得很好，大意是：看到了这部片子，你就会发现其实没什么资格说自己怀才不遇，有才华就是有才华，没才华就是没才华，世界上并不存在你惊才绝艳却没人注意这回事。

所以我并不认同那篇刷屏文章说的，你没关注到别人的牛，导致了自己的不如意。

我想恰恰相反，你可能是太关注别人的牛，导致自己放慢了脚步。

要知道，别人是不是比你跑得快、跑得远，并没有那么重要。重要的是，你是不是一直在跑，是不是比以前的自己更好了。

只要你没抛弃自己，那就没有任何人能够抛弃你。

最后，我还想纠正下开篇那位刷屏文章作者的说法：愿你看清自己，知道自己想要去哪里，然后在余生活出新高度。

第二章

拓宽认知：用思考驱动成长

别让这 5 种思维毁了你

-01-

思考惰性：不断强化偏见认知

曾经有一个 IT 专家说："你只需要 1/7 秒就可以把信息发往全世界，但是改变一个人的想法却需要好几年。"

我发现，一个人在某个问题上的想法越固执、有偏见，他对这个问题就越容易养成思考惰性，因为他已经对这种思考方式和想法产生路径依赖了。而且他会因为反复地使用这种思维模式，不断强化自己的偏见认知，越陷越深。

前一段时间，有平台发布了有关美籍华人物理学家张首晟发现手性马约拉纳费米子的文章，好多网友质疑：为什么国家培养了你，你却不为国家工作？而对于这项革命性的物理学发现，国内关注的人并不多。

诺贝尔物理学奖得主杨振宁认为张首晟的成果极具革命性，很可能获得诺贝尔奖，同样引来网友的抨击。

这些人对待类似问题都会使用同一种带偏见的思考方式，给出雷同的答案，而且会不断强化这种偏见。

越是层次低的人就越容易跳进思维的舒适区里，开脑洞、头脑风暴这种事情对他们来讲根本就是天方夜谭。他们宁可用自己最熟悉的方式开启"无脑喷"模式，也不愿意尝试去接受任何与众不同的东西。

-02-

依附心态：他们成了自身问题的围观者

很多人正在丧失"主动性"，他们成了自身问题的围观者，如果没有人来教自己该怎么做，那他们就会日复一日地与自己的问题共存。

从表面上看，他们每天都在为自己的问题焦虑，但是他们并不会真的去思考自己到底存在什么问题，该怎么解决。

他们对一件事的认识来源于"意见领袖"，他们解决问题的办法也来自"意见领袖"，甚至决定爱不爱自己的伴侣，他们也要先看看那些情感博主怎么说。

举个例子。越来越多的人在说自己是佛系青年，觉得"我就是这样的人"。至于"是不是要改变、怎么改变"这样的问题，就不是他们要思考的了。好多人只会等待某些"意见领袖"教他们怎么想，教他们怎么做。

这就很像社会心理学中讲的"围观效应"。围观一件事的人越多，你就越会觉得该由别人出手去解决这个问题，越认为在场的每个人都对这件事有责任。

你宁可等待别人来给出解决的办法，看看这个怎么说，看看那个怎么说，可就是不愿意自己去思考、去尝试，因为你就是自己的围观者，在等待那个"见义勇为"的人伸出援手。如果没有人伸出援手，那你宁可在原地躺着。

-03-

刺猬心态：凡事先挑毛病

这是"喷子"的典型心态，见到一件事情不是先想有哪些好的东西值得借鉴学习，而是本能地反对、挑毛病，还美其名曰"独立思考"。

1943 年，知名学者徐复观有意拜近代三大儒学大师之一的熊十力为师。

徐复观向熊十力请教自己该读什么书，熊十力推荐了王夫之的《读通鉴论》。徐复观说这本书自己早已读过了。熊十力面露不悦，说："你应该再读。"

不久，徐复观再来见熊十力，报告自己读完了《读通鉴论》，然后谈了许多对王夫之的批评意见。

熊十力破口大骂："你这个东西，怎么会读得进书！任何书的内容，都是有好的地方，也有坏的地方。你为什么不先看出它好的地方，却专门去挑坏的；这样读书，就是读了百部千部，你会得到书的什么益处？譬如《读通鉴论》，某一段该是多么有意义，又如某一段理解是如何深刻，你记得吗？你懂得吗？你这样读书，真太没有出息！"

徐复观后来回忆道，这真的是起死回生的一骂，自己多年来恰恰就是因为这种自以为是的小聪明，看到任何人的观点、思想，都习惯性地先挑毛病，以至于长进不大。

现在有太多人看到什么东西、言论，就本能地变成一只刺猬，非要扎扎人才肯罢休。如果挑不出毛病，他就浑身难受，所以想尽办法也要挑出一点儿毛病来。这样的人看到的永远都是黑暗的一面，无论读多少书、认识多少人、见过多少世面，也很难有大的长进。

-04-

干货心态：还没搞清楚问题就问怎么办

总有一些读者留言："这些事儿还用你说？我就想知道该怎么办！"

可是他们真的知道自己的问题在哪里吗？经常是根本不知道。他们总是在还没搞清楚问题之前，就迫切地想要干货和方法来解决这个问题。他们总以为有一种方法是灵丹妙药，可以解决世界上所有类似的问题。

我的一位老师曾经讲过一个故事。2002年一位做传播的知名教授去给当时因为"非典"焦头烂额的卫生部讲课，讲应该如何做健康传播。

这位学者上来就匆匆掠过"为什么"和"是什么"的阶段，很快开始讲到"怎么办"的阶段，各种传播策略、媒介策略说得天花乱坠。

当时卫生部的一位领导很快制止了这位教授：我认为我们还是要先把问题搞清楚，看看到底是什么原因造成了现在的局面，我们是不是有人云亦云的地方，抑或是有什么误解的地方，弄清楚了再谈办法也不迟。

在我做职场微信公众号的这段时间里，也有很多类似的情况：有读者总是一上来用三两句话说了自己的情况，然后两手一摊，问我该怎么办。

这些人都是在期盼有一种能够百试百灵的方法，但是对自身存在或是面临的问题一无所知或是认识不清。

问题的根源在哪里都不知道，办法能对症吗？这就是为什么好多人听了一大堆建议，还是对自己丝毫没有帮助，生活一切照旧。

-05-

负面认知框架：升职加薪了更要换工作

心理学认为信息本身是中性的，一个人会通过自己的认知方式来解读这个信息，然后给出正面的或负面的评价。

一个人的认知方式叫作认知框架，而这种认知方式影响信息评价的现象叫作框架效应。

有一项心理学实验，研究者问被试者，如果你的老板给你加薪 1000 元，你会离职吗？回答会离职的人竟然接近

50%。

原来有一半左右的人本来没指望加薪，所以他们对加薪1000元是持积极评价的；而另一部分人则认为自己早就应该加薪了，而且应该加薪远超1000元，这个评价就迅速变成了负面的。

听起来很简单，但这种认知框架的影响，几乎左右着我们对任何一件事情的定性。

越是层次低的人，就越容易持有负面的认知框架，他们很容易从负面解读得到信息。

一个曾经两次考研的朋友讲过一个真实故事。他第二次考研被安排的教室、座位竟然跟第一次考研时一模一样，他认为自己一雪前耻的机会到了，这是老天在暗示他一定会考上，由此信心百倍。

而他的一个研友知道了以后，却觉得这很不吉利，第一次在这里折戟沉沙，这一次也不会有什么好下场。那个研友还联想到自己第二次考研的悲惨经历，大失信心。

最终我这个朋友如愿考上了理想学校的研究生，而那位研友被调剂到一所很不如愿的学校。

这种思维模式最可怕的地方就在于，你可能跟它们共存了几十年，你都意识不到自己在思维上存在着这样的问题。但是日积月累之下，这些思维模式对你潜移默化的伤害已经大到无可想象。甚至可以说，你现在面临的绝大多数问题，都源于这些思维模式。

所以我一直说，阶层固化并不可怕，真正可怕的是思维固化。

为什么穷人越努力工作，反而越穷了？

BBC 纪录片《人生七年》曾经记录了这样一个现象：富人的孩子最终大都变成了富人，而穷人的孩子往往大部分还是穷人。

换句话说，贫穷和富有，都是可能会"遗传"的。

-01-

贫穷的思维根源：稀缺心态

穷人面临的第一层困境，就是穷人思维。

美国经济学家穆来纳森和心理学家沙菲尔发现，穷人之所以越来越穷，原因不在于不够努力，罪魁祸首是稀缺心态；越是缺钱，就越会在意钱，却忽略了更重要的事情。

金钱的稀缺俘获了穷人的大脑，削弱了穷人的认知能力。

穆来纳森说："人们的视野会因稀缺心态变得狭窄，形成管窥之见，即只能通过'管子'的孔洞看清少量物体，而无视管外的一切。"

印度有一个很繁华的克延比都蔬菜市场，那里的小贩每天向富人借 1000 卢比去进货，卖完菜以后收回 1100 卢比，要还给富人 1050 卢比，自己只赚 50 卢比。

其实这些小贩只需要每天省下 5 卢比，依靠复利效应，只需要 50 天，就可以不用去向富人借钱了，然后他们的收入就会大幅度攀升，财富唾手可得。可是所有的小贩都坚持向富人借钱，每天付给富人 50 卢比利息，9 年过去，富人不用工作却越来越富，穷人辛勤工作却越来越穷。

穆来纳森说："长期处于稀缺状态的穷人，会被稀缺心态消耗大量带宽，其判断力和认知能力会因过于关注眼前问题而大大降低，而没有多余带宽来考虑投资和长远发展事宜。"

稀缺心态会导致严重的短视，让人只看到眼前的利益，导致找了一份仅仅是"能赚钱"的工作，玩命加班，缺乏长远的职业规划和有效的自我提升，更不用说去管理支出，进行有效的资产投资了。

-*02*-

贫穷的现实根源："老鼠赛跑陷阱"

知乎上有一个浏览量上百万的问题：为什么很多"小土豪"宣称钱靠赚不靠省，而巴菲特和芒格仍推崇节俭生活？

有些答案虽然获"赞"很多，但是都没有答到点上。

《富爸爸，穷爸爸》的作者罗伯特·清崎说："那些说钱靠赚不靠省的人都是在'傻人花傻钱'，富人是先富起来再花钱享乐，而穷人则是富起来之前就开始花钱享乐。"

清崎讲了"老鼠赛跑陷阱"的故事：老鼠在转轮上跑步，却不知道它跑得越快，轮子转得就越快，最终老鼠精疲力竭，只好停下来。

穷人之所以很难实现财富自由，很大一部分原因就是陷入了"老鼠赛跑陷阱"。

人年龄越大，收入越高，欲望也越来越大，面临的问题越来越复杂，承担的家庭责任越来越重，花的钱就越来越多。

收入的增长有明显的"天花板"，但是支出的增长却没有。

就像我的一个读者小高，他是北京一家服装企业的资深销售经理，每年基本工资大约有 12 万元，加上 5 万元左右的销售提成，在北京虽然进不了高收入人群，但工作 6 年的他也该存下一些钱了，然而事实却是他欠了一屁股债。

他每月的花销如下：租房 2500 元，谈恋爱 2000 元，衣食娱乐 4000 元，给老家父母的生活费 500 元，妹妹上大学的部分生活费用 1000 元。

除去上面很多硬性支出以外，他的零碎花销也非常庞大。

我曾经提醒他查一下滴滴的行程单，他很吃惊地发现光当年上半年的打车费，就花了将近 4000 元，相当于上半年总收入的 5%。

各项支出一抵消，就没剩下什么钱了。像小高这样的人并不少见，尽管工资不低，可工作好几年之后，还是没有多少存款。

贫穷的首要问题不是收入太少，而是支出太多。

-03-

如何打破思维和现实局限？

其实要想打破缠绕在穷人身上的思维和现实锁链，一跃成为富人也并不难：学着做老板，投资那些即便是你什么都不干，仍然能够自动产生收益的资产，让资产构成你的财务护城河。

1974 年，麦当劳创始人克罗格到美国得克萨斯州立大学的 MBA（工商管理硕士）班讲课。

克罗格笑着问大家："你们觉得我是做什么发家的呢？"

学生们想当然地说："卖汉堡呀！"

克罗格又笑道："我就知道你们会这么说，可我并不是做汉堡的，而是做房地产的。"

为什么麦当劳的创始人会靠房地产发家呢？

克罗格解释说，麦当劳最大的营收来源是加盟商租赁麦当劳分店。由于克罗格一向很重视店面的地理位置，宁可把公司的绝大部分营收用来买地，所以每个分店的出租价格都非常高，利润很丰厚。

麦当劳拥有的房地产比教皇都多，已经成了世界上最大的独立地产商，每年出租土地的利润占了公司收入的很大一部分。

真正为麦当劳赚钱的不是美味的汉堡，而是可以不断利用的土地。

这就是真正的富人思维。一方面打破"稀缺心态"，克罗格眼光长远，跳出了短期收益去做长远规划；另一方面抛弃打工心态，不光想着努力工作赚钱，而是把大部分赚来的钱都用来购买优质资产，让钱自己生钱。

-04-

成为财富的主人而非奴隶

想实现财务自由，归根结底就是一句话：要转变稀缺心态，跳出短期收益来进行长远规划，把自己所有的财富转化成可以钱生钱的资产。

那具体该怎么做呢？

1. 把人生规划强行拉进管道视野

暴风影音的创始人冯鑫曾经说过，一个人只有找到自己在天地中的位置，才能够真正有所成就。

那么，该如何找到并一步步走到这个位置呢？

这就需要你把人生规划的问题强行拉进管道视野，逼迫自己从长远上去规划人生。

哈佛大学曾经做过一个非常著名的研究，他们找来一批出身环境和智商都差不太多的年轻人，其中27%的人没有人生规划，60%的人有非常模糊的人生规划，10%的人有短期规划，只有3%的人有长期规划。

25年之后，有长远规划的几乎都成了社会顶尖人士；有短期规划的都成了中产阶级，例如医生、律师；有模糊规划的生活在社会中下层，没什么出息，但又特别希望孩子有出息；完全没有规划的那些人生活在社会最底层，整天都在怨天尤人。

所以，一定要强行逼迫自己思考长远规划的问题，把时间尺度放在20年以上，去思考自己的人生愿景和使命到底是什么，以及该如何实现。

2.投资钱生钱的资产：构建财务护城河

任何不需要你付出劳动就可以获得盈利的东西，都可以看作资产。

例如你雇人就可以经营的餐厅，完全不需要你到现场就可以赢利；或者是你写的一首畅销歌曲，每个人在KTV里点唱一次，都要向你缴纳版权费用；又或者是证券、基金……

只有当你的所有财富都在自动产生财富时，你才可能拥有真正的财务自由。

3. 培养老板心态：找最优秀的人才为你工作

一个人只会冲锋陷阵成不了名将，只会独自拼命工作的人也成不了富豪。

真正聪明的人需要招募更优秀的人才来一起工作。

例如我的一位在上海的设计师朋友，组建了一个临时工作室，招募了一批自由职业设计师为他工作，他只在每单里抽取 15% 的中介费。

他在做设计的同时，把自己做不了的工作分给别人，既减轻了负担，又扩大了业务量，在业界维护了很好的声誉，客单量源源不断地提升。

一年下来，他的收入比只当设计师的时候翻了两番。

4. 延迟满足：减少支出

富人不是不享乐，而是在最后享乐。但穷人则不相同，穷人在最开始的时候享乐，因此穷人的原始资本积累很低。

因此，穷人一定要学会延迟满足，不要看到什么东西都想买，要知道买来的很多东西都不一定是必需品。

这里就记住一条准则：犹豫要不要买的东西，别买。

升职快的人，永远不对老板讲这 7 句话

美团的创始人王兴曾经讲过这样一个故事：有一次公司开会到晚上 12 点，讨论接近尾声，需要有人整理会议记录，涉及流程图的部分用 Visio（一款绘图软件）画比较好。王兴问一个年轻同事"会用 Visio 吗？"她毫不犹豫地说："我可以学。"

这 4 个简单的字里有无穷的力量。

真正牛的人是不会轻易让别人知道自己的底牌的。而对于生手，有些"老司机"只要听他说几句话，就大概知道这个人功夫深浅了。

有些话即使是真的也不能说，有些话即使是假的也不能不说，有些话一出口就让人觉得你肯定是个超牛的专家，有些话一出口就让人知道你是不可信赖的"生瓜蛋子"。

语言的力量就是这么神奇。

下面就跟大家探讨下，哪些话是聪明人不会说的。

-01-

这事儿以前都是这么做的

有一句话说得特别好，科学技术日新月异，世界变化的速度也让人瞠目结舌。即便是几个月前做过的项目，拿到现在，也很有可能有了新的实现方法、新的玩法。

所以，千万不要在没有调查研究的情况下跟别人说：这种项目以前我们都是这么做的。说这种话，只会让人觉得你墨守成规、懒惰，且不知变通。你的老板花钱雇你，是为了让你把工作做得越来越好，而不是一成不变。

而且如果你总是用相同的方式做事，只能说明你很可能忽略了更好的方式。

-02-

这不是我的错

"甩锅"绝对不是一个好主意。不管你在这份工作中承担了多么小的责任，如果出了岔子，该你背的"锅"，绝对不要推脱。如果这份工作跟你没有任何关系，那你客观理性地讲明白事情就好，绝对不要跟别人说这是×××的责任。

你的老板和同事们都不傻，只要你紧扣事实，他们就会知道到底谁应该负责。如果你非要指责某个人，不但会给这个人留下非常不好的印象，而且老板和其他同事会认为你是"告密者"，对你未来开展工作十分不利。

-03-

我可干不了

"我不行"这个词儿也是一个非常消极的词，老板或者同事肯定都是对你先有"能行"的预期才来找你干活的，在他们心中，你说干不了就等于在推脱，是你根本就不想干。

人不是万能的，如果你真的是干不了，先不要急着推脱，你可以提供一个备用方案，说明尽管这件事情自己做不了，但是可以帮助做另外一些事情。

例如你不应该说"我可不能因为这个工作熬夜"，可以说"我可以明天早点起来做这个工作"。前者表现的是一个"不能"的你，而后者表现的则是一个总有办法的你。

-04-

这不公平

生活就像跷跷板，怎么可能永远平衡呢？

如果你不想让别人觉得你是个还未长大的小孩儿，那你最好看清事实，保持积极，把小脾气留在工作外。退一万步讲，今天落在你身上的不公平，早晚也会落到别人身上。总体来说，每个人的一生都是相对公平的。

你可以更理性地看待一些问题，比如老板把你眼红的一个大项目给了别人，你不应该先想这个人是不是老板亲信，而是应该问一下老板："我原本特别想要拿下这个项目，也做了很多准备，不知道您是不是觉得我不适合这个项目？请问我有什么可以改进的地方吗？"最开始说这些话可能会让你感觉到不习惯，但是慢慢就好了，这可比你猜测老板的想法高效多了。

-05-

我试试吧

跟"我想想吧"很类似，"我试试吧"表明你缺乏达到目标的信心和能力。当你面临这种困境时，你应该学习解放军面对任务时的优良传统：保证完成任务。如果你觉得做不了这件事，那你就参见第三条，提出一条替代性建议。

-06-

占用你几分钟

这句话跟"我再讲两句""过几天请你吃饭"这种话是很像的，都是假意的客气。大家都是"老司机"，也都很忙，一说占用你几分钟，别人就会有这人咋又来了的感觉。每人的时间都是有限的，有事请直说，不要用这种虚伪的套路，除非你真的只用几分钟就能搞定。

-07-

这不是我的职责

"这不是我的职责"，说这句话的人会给别人这样一种感觉：他做这份工作只是想拿一份工资而已，只愿意管好自己的一亩三分地，对自己的职业缺乏热情。

那正确的方法应该是什么呢？例如老板让你做一份不在你职责范围之内的工作，你应该先把老板交代的完成，而不是在办公室里跟老板据理力争——这不是我的职责。

如果你在办公室里跟他据理力争，只会让双方都下不来台。做完这份"额外工作"之后，你再去跟老板聊，明确你的职责到底是什么，了解老板对你是否有了新的规划。这样做既能避免双方冲突，也能高效地明确你的职能定位。

为什么有人干活很快，还被老板骂？

我的朋友董哥是一位效率达人，手机里装了时间管理App（应用软件），买了用于时间、工作流程管理的手账本，还记录自己每天做每件事用了多少时间、标注每项工作的优先级，晚上还要复盘当日工作，看看自己的效率是不是提高了。

简而言之，董哥终日迷恋各种 To Do list（一种任务管理方式），并沉迷于高效干完工作的快感。然而，董哥的职场之路却多年不见起色。和他同期入职的同事们相比，只有他的职级最低，年薪排名也基本垫底，最关键的是董哥要比绝大多数同事更努力。

每当夜深人静，董哥在效率工具里做完当天工作的复盘，总会禁不住感叹：为什么自己几年如一日"努力得像头驴"，回报却寥寥？上苍为什么如此不公……

董哥的问题出在哪儿？

管理大师德鲁克说："最没效率的人，就是那些以最高效率做没用的事的人。"

董哥厚着脸皮向领导请教之后才恍然大悟：敢情自己做

的多数工作都是无用功。

-01-

重要的是"出活儿"，而非效率

在职场中，衡量一个人的价值是看这个人的成绩。如果始终没有令人钦佩的成绩，即便是每天工作 18 个小时，一个人做 10 个人的工作又如何？

第一，"极致"要比"不错"强 1 万倍。你每天能够做很多事，开碰头会、写文案、各种内部讨论、外联……你每一件事情都只是做到了完成，却没有用心、花时间打磨到优秀，就更不用说极致了。

不错的文案千千万万，优秀的文案却寥寥可数，如果你属于那"千千万万"，怎么崭露头角？与其用高效来驾驭那么多工作，为什么不尽全力将其中最重要的一件事做到极致？

第二，抓不住问题的本质，对工作的优先级判断不清，缺乏方向感。例如去拜访潜在客户，对方认为一线员工士气不高，你很快就拿出了一份激励员工的工资调整方案。

可是你并不知道那些员工的真实痛点所在,没了解到他们士气不高的主要原因是老板任人唯亲,导致有成绩的员工得不到晋升。

第三,只会站在自己的角度考虑问题。老板让你订一张从北京到上海的机票,虽然老板刚提完要求你就订好了,但是你并没考虑同时帮老板订酒店;更关键的是,你订的票是半夜到达(理由是便宜),而且没有帮老板订接机服务,也没考虑老板第二天一大早要做演讲,需要预留休息时间。你根本没有从老板的角度考虑问题,也就是说,并没有从工作本身考虑问题。

第四,面对复杂任务,工作不完美。还是订机票那件事,你为什么不先问问老板的行程安排,之后再根据行程重点来进一步拆分关键任务?比如飞虹桥还是浦东,什么时间段到达更合适,有没有同事同行,需不需要接机,酒店最好订在哪个位置……

虽然你的职责只是订机票,但是如果一件事情你只能做到及格,而不是完美,相应地你的价值也就只能是一般,是任何人都可以取代的。

听了领导一席话,董哥意识到,自己的问题并不是效率不够高,也不是不努力,而是没有意识到真正的问题是什么,并妥善解决。

-02-
====

如何提升解决问题的能力？

针对董哥的案例，我为他提出了 3 个行之有效的办法。

1. 学会用"上帝视角"看问题

要解决问题，首先要抓住问题的实质。

为什么你在看电视剧的时候，总会有这样的感叹：为什么男 / 女主角都这么傻呢？怎么就猜不出来 ×× 是凶手呢？要是我肯定早猜到了。

这并不是因为观众真的比演员或者编剧聪明，而是因为观众处于上帝视角，得到了关于正派、反派的一切信息，所以才能够做出最接近事实的判断。如果把观众放到剧里，其表现未必会比剧中的角色好多少。

因此我们在解决问题时，要想抓住其最根本的原因，需要把"自我"放在一边，不要去猜测，而是多多"问"自己和他人，同时多多调查。

例如，同事约好周一早上交给你一份合同，可当天他突然说没办法交给你了，害得你的工作也要顺延一天才能完成。

那你可以采取丰田公司开创的"5Why"法则，尽可能地追问自己或者对方缘由，争取建立一个包含本人、对方观点以及事实的理由包，最终得到正确答案。例如：

是周末玩得太开心了吗？

是生病了吗？

是工作压力太大吗？

是跟同事、领导配合不力吗？

......

或许你得到的答案是对方包括公司其他同事普遍不看好这个项目，所以他在做合同的时候非常犹疑。那么你应该解决的就不是对方工作拖沓的问题，而是重新评估项目的前景和可行性。

2. 建立成熟的思考、执行框架

我们学习数学，只要掌握了相应公式，通过对公式的正用、逆用、变形用，就可以解决绝大部分问题。

工作也类似，如果建立一个较为成熟的思考、执行模型，也可以解决绝大多数的问题，不会造成工作上的遗漏和疏忽，更不会像董哥订机票那样，给领导不成熟、不老练的印象。

这里推荐给大家一个"52模型"，即5个W和2个H组成的工作框架。还拿董哥订飞机票的案例来做解析：

为什么让你订票，老板为什么去上海（Why）；

根据到达的时间，安排酒店和接机服务，以免老板晚上没地方住（What）；

什么时候去，什么时候回，中间有哪些节点，以便安排老板的行程（When）；

各项工作的地址，包括飞机场、酒店地址、会议地址，尽量控制距离（Where）；

老板需要带谁去，部门里还有谁会在同一时段去上海出差（Who）；

乘坐什么交通工具，也可以建议老板坐高铁，方便老板抽时间来准备演讲稿（How）；

花多少钱，确定要订头等舱还是经济舱，五星酒店还是普通酒店（How much）。

当然，这个模型也未必能够应对所有的工作，但是对于一般的工作来说，已经算是一个较为完整、全面的应对方法了。

3. 提高执行力

执行力就是利用各种资源，使想法落地为成果的能力，也可以说是解决问题中最重要的一环。那么，该如何提高执行力？

执行力归根结底是一种实践的能力，听多少理论都不如撸起袖子，真正地深入到项目当中，培养动手能力。犯错不可怕，可怕的是不总结、不吸取教训。

第一，利用情景分析的方法，提前准备，设想项目在执行中可能遇到的问题，规划好预案，不打无准备之仗。

麦肯锡有"空、雨、伞"理论：根据天空乌云密布的状况做出可能下雨的假设（空）；根据假设搜集资料，判断到底会不会下雨，并预判下雨的后果（雨）；根据研究决定采取何种措施，例如带伞（伞）。这种工作流程可以被看作一种假设—调研—证实假设—采取措施的完整流程。

第二，分解目标，分环节作战。德鲁克认为，人要提高解决问题的能力，一个很重要的方面就是管理好能量。把一个困难的目标分解为多个小目标，既能够降低难度，又能够保持你的工作积极性。

第三，寻找导师，建立反馈机制。在工作的过程中，找到一个比自己段位高的人做导师，建立反馈机制，能够让对方指导自己，发现自己的错误，并请对方提出改进意见。

-03-

这3种错误意识会极大地损害你解决问题的能力

1. 失去平常心

问题的解决需要你有一颗实事求是的心，但现实工作中，由于工作压力、人际关系、家庭等各种各样的原因，人很难一直保持平常心。

经验再怎么丰富的"老司机"，如果失去平常心，就无法根据实际情况做出准确判断，更无法在关键时刻做出对的选择，很可能会导致全盘皆输。

因此，平时不妨多设想一下最坏的情况，当最坏的情况真的来临时，你可以拿出相应的预案来解决。

2. 自大心理

人是一种极为自大的动物。在遇到别人与自己意见不同时，第一反应会认为自己是对的；在建立应急预案时，第一反应是坏事不会发生到自己身上；在多人协作的工作发生问题时，会第一时间认为是别人的错误。

这些自大心理并不能帮助我们解决问题，只会带来坏处。

因此，我们在工作中一定要学会站在别人的视角看问题，同时培养自己的谦逊态度。

3. 追究责任

大堤决口了，首要任务肯定不是惩治修河堤的官员，而是重修大堤。

职场上也一样，如果工作出了问题，首先要做的肯定不应该是追究责任，而是要先想办法解决问题。

特别是在发生问题之后，绝大多数人都会犯这些错误：发脾气、使性子、埋怨队友……这些都是十分不成熟的表现。特别是大家都属于同一个团队，解决团队面临的问题是每一个队员的责任，帮助战友渡过难关也是每个人的义务。发脾气、埋怨队友并不能解决问题，还会伤害团队感情，极为不智。

在职场中，真正重要的是追求做事的效果，而不是效率，因为最有价值的始终是工作的效果，而不是工作效率本身。

在遇到沿途美丽的风景时，你只有记得为什么出发，才能圆满地抵达彼岸。

为什么精英往往都有清单思维？

朋友小药的写作水平非常高，但是把控项目的能力却偏弱，做事经常丢三落四，还总会因为各种各样的原因拖延。

她问我应该怎么改进自己的不足，我就向她推荐了《清单革命》这本书。

什么是清单思维？简单来说，就是把一件事情的关键步骤条理清晰地写在一张纸上，并严格执行，从而提高成功率的思维。

大家千万不要小看清单思维，清单思维其实就是标准化流程，这在很大程度上是工业化成功的一个重要基础。这种思维在我们工作、生活当中很有意义，能够帮助我们掌控大局，并最大限度地防范风险，节省心力。在一些关键节点上，你只需要"选择"使用哪一种方案就可以了，而不需要"思考"。

-01-

清单思维的核心是标准化

列清单绝对不是把一件事情完完全全地列在纸上就完了，而是需要你把问题的关键节点和流程清晰地列在一张纸上。

这归根结底是一种标准化的操作流程，只要第一次使用成功了，以后遇到相同的问题就可重复使用原方案，省去了选择的麻烦，同时降低了项目失败的风险。

相信很多人都看过电影《萨利机长》，汤姆·汉克斯扮演的萨利机长以及他的副机长在飞机迫降之前，还拿着一大张清单逐一核查飞机各个部位可能存在的问题。

这种方式看起来很烦琐，但是这张清单保证了飞行员不会忙中出错，最大限度地防范了风险。因此，也有人说清单文化是保障现代航空业安全的重要基石。

我特别认同《圣经》里说的，太阳底下没有新鲜事。如果你去回顾历史，就会发现历史上的很多事件是非常相似的，只不过剧本上的主角变了，表现形式也可能不同。

因此，从技术上来讲，最大限度地复用已有的方法，能够解决大部分问题。

-*02*-

执行清单应在多点布控

工业社会的发展史，在很大程度上就是一段分工逐渐专业化的历史。但是问题也随之而来了，分工越细越专业，共同协作一件事的人就越多，流程也就越复杂，影响一件事情的因素也就越多。例如：ICU（重症监护病房）病房护理有178项注意要点；飞机起飞前，飞行员也要逐一核对超过60项要求；如果单靠记忆，是很难有效管理这么复杂的系统的。因此必须要有一份实用的流程清单来减少错误的发生，要知道在很多行业当中，比如金融业，不犯错在很大程度上就意味着能够取得成功。

相应地，你就要在这些精细化分工的节点上设置监控点，通过严格地检查清单，对容易出问题的地方着重检查、提前准备。

比如在实行清单检查制度之后，手术感染率从11%下降到0；全世界民航致命安全事故发生的概率仅为一千六百万分之一。

所以，建立一张完整的清单，在很大程度上能够降低你犯错的概率。

-03-

如何建立你的工作清单？

在建立工作清单之前，你首先要对工作内容有整体的把握。然后你要给工作划分阶段，或者说分层，确定一件工作都有哪些重要的节点。然后，将这些节点按照一定的逻辑列在纸上。最后根据实际操作中碰到的问题来具体地修改清单、执行清单。

百度贴吧之父、百度前产品经理俞军曾分享过他的产品经理选拔培养清单。这一清单分为四大环节，分别是"选、用、育、留"。

选：天赋、努力、洞察力、同理心、逻辑、视野、自我否定能力、热情、阅历。

用：ownership（物主身份）决策能力、专业能力。

育：业务增量、产品文化、从0到1、做深做透、大量用户、团队建设。

留：愿景、能力升级、可行性、创造、权衡、变迁、方法论。

一个产品经理只有符合以上四大环节以及下属的几个标准，才算得上特别优秀的产品经理。

　　俞军列的这四大环节，以及相应的内容已经基本包含了一个优秀产品经理从应聘到成熟的所有过程，只要按照这个清单去执行，就能找到并培养出优秀的产品经理：

　　1. 分清工作节点，根据节点进行检查；

　　2. 清单罗列不要事无巨细，而要简洁实用，大类最好控制在5~9项；

　　3. 清单要在现实中接受检验，不符合现实的要尽快修正；

　　4. 不管多么牛的清单，脱离了执行，价值就是0。

你是个大人了，哪有那么多时间来委屈？

王小波的《黄金时代》里有句话："生活就是个缓慢受锤的过程，人一天天老下去，奢望也一天天消失，最后变得像挨了锤的牛一样。"

人这一辈子受锤的时候多了去了，如果都能胸怀坦荡、内心强大，那未来就没什么过不去的坎。

你受的那些锤，不是捶打，而是锤炼，人生只会越来越精彩。

-01-

提升情商，铸就内心强大的基石

国外网站"TalentSmart"在测试了数百万人以后发现，被试的成功人士中有 90% 都是高情商人士，学历相同的情况下，高情商群体比低情商群体的平均收入高出 2.8 万美元。

内心强大的人也一定是情商高的人，他们往往非常擅长管理自己的情绪，在面对消极情绪时能够积极处理，在极度开心时不得意忘形，还非常擅长处理自己同别人的关系。这样的人未来的成就普遍不会太差。

提高情商的方法和建议：

1. 学会舒缓压力；

2. 学会接受别人跟你的"不一样"；

3. 学会准确描述自己的情绪，知道"是什么"才能知道"怎么办"；

4. 不要总是臆想，并固执地维护自己的判断；

5. 不要轻易开启战斗模式，把别人当敌人就没办法跟他成为朋友了；

6. 不要总是背负过去的错误；

7. 学会了解、关心别人；

8. 不要总是觉得自己被冒犯，你的自尊和习惯真的没那么重要。

-02-

不要轻易给自己设限

　　淡泊和不争在我们中国人看来是一种很好的品质，但这也很容易变成自己成长的"天花板"。

　　现代社会竞争激烈，唯有保持自己的"竞争心态"，不断打破"天花板"，才能够不断前行，而总是"不争"的人比较难成为社会的前 1%。

　　胡适就曾写信告诫儿子：做人要做第一等人。

　　设立目标首先不是要想如何切合实际，而要尽可能地打破想象。因为很多时候你对所谓"实际"的估计都来自想象，并不准确，从"实际"出发很可能会降低你未来能达到的高度。

　　正如美国汽车大王亨利·福特说的，"不管你认为自己行还是不行，你都是对的"。凡事要先想该怎么实现这个目标，而不是"我能不能做到"。

　　所以，当我的朋友伊雷娜谈到未来她想要读心理学硕士，10 年左右想成为可独立接个案的心理咨询师时，我就建议她准备报考国内最好的心理学学府——北京师范大学。

　　我并不是盲目地怂恿她去考最好的学校、进最高的平台，而是说，如果你的起始目标都不够高，一旦你想要退后，你又能往哪里退呢？

-03-

向"不对"及时说"不"

加州大学伯克利分校的研究者发现，当被试者明知道某件事"不对"时，他越是不拒绝，他的心理压力就越大，在压力测试中的表现就会越差。

内心强大的人更能够认清自己的内心，遵从内心的真实想法，向"不对"的人和事说不。

学会对自己说"不"可以称为自律或个人管理。例如当你明知道自己已经摄入了足够的热量时，你就不应该再吃烧烤；当你明知道最后的期限到了时，就不应该再拖延。

对那些能够损耗你内心力量的人，也要及时远离。吉姆·柯林斯曾在《从优秀到卓越》里讲道，不存在什么"慢慢培养"，不要"先开车再找到合适的人，而应该是找到合适的人再开车"。

内心强大的人不仅要管理好自己的内心，而且对于那些喜欢搬弄是非，与自己性格不合、目标不一致的人，更要及时远离。

-04-

学会拥抱那些你不想要的

我认为，一个人成长的阵痛可以简单归结为变化和失败两大类。

内心强大的人总是特别灵活且具有适应性，他们总会在多变的现实生活中找到自己的机会所在。在变革的暴风雨来临时，他们除了能忍耐阵痛，还能在阵痛中发掘机会，自我反思。

有一位企业家在谈及 2008 年金融危机时，告诫员工要拥抱变化：当变革来的时候，你要做的，就是放弃昨天还认为是最重要的事——就像下围棋，看清全盘才知道如何"弃子"。从这一方面讲，"危"和"机"是相辅相成的，危险的另一面往往就是机会。

内心强大的人抗挫折能力也会特别强。一个人的一辈子不光是顺境，逆境也不少。越是内心强大的人，越会在失败和挫折中找到前进的机会。

世界记忆力专家埃里克森曾经与畅销书《和爱因斯坦漫步月球》的作者福尔达成协议，埃里克森要帮助福尔提升记忆力水平，而福尔则要以全身心地投入实验作为交换条件。

福尔的记忆力在前几个月因为高强度训练达到了一个瓶颈期。埃里克森的应对方案就是"练习失败"。他专门挑出福尔记不住的那些词组、句子、图形，要求福尔反复练习。尽管很痛苦，但是当福尔真的突破了这些记忆瓶颈之后，他的机械记忆力水平很快就得到了提升。

所以，当变化和失败的阵痛来临时，你千万不能放弃，而要坚持锤炼自己的内心。机会就隐藏在痛苦里。

-05-

像爱惜人生中唯一的车那样爱惜身体

股神巴菲特曾在致股东的公开信里说："你只有唯一的

一颗心，只有唯一的一个身体，你得用上一辈子。"身体的重要性不言而喻，却又常常被我们忽视。

市面上有很多介绍自律、意志力的书籍，但是很多只是从技巧方面来探讨，很少介绍身体的保养，特别是介绍锻炼和睡眠对于一个人内心的塑造作用。

是这两者不重要吗？显然不是，一个人身材肥胖、饮食油腻、黑眼圈大到像熊猫，你能想象他是个内心能量充盈的人吗？

渥太华大学的医学机构东安大略研究所称，一个人如果每周运动 2 次，坚持 10 周，他在社交、创造力、专注度等一系列测试中都会表现得更好。更重要的是，相比那些不运动的人，他们的自尊心和自信心也有了很大幅度的提高。

而睡眠的意义也常常被忽略掉了，甚至很多人认为"看到凌晨 4 点钟太阳的人"才是真正内心强大、敢于拼搏奋斗的人。他们还会拿出诸如"拿破仑每天只睡 4 小时"这样的例子来给你打鸡血，可事实真的是这样吗？

万科集团创始人王石曾经讲过："我闭上眼睛 1 分钟就能睡着，如果 3 分钟没有睡，就是失眠。这是我保持精力充沛的一个重要方法。"如果一个人睡眠不足，那么他的思考、想象、自律、抗打击等诸多能力都会快速下降，那就更谈不上内心强大了。

有好多人喜欢熬夜，明明困到不行，还要拿起书来读两页，敲几行代码，写一篇文章。但你问他读了什么、写了什么，他统统不记得。既然效率这么低，为什么不去睡觉呢？

这种"盲目坚持"的做法害人不浅。久而久之，你在这种坚持中把自己身体的能量全部耗尽，你也就没办法成为一个内心强大的人了。

要想扛住生活的各种"暴击"，我们能做的就是提高自己的抗打击能力和自我修复的能力。

所以，多运动，少熬夜，只有照顾好身体，你才能继续跟这个世界打持久战。不然等到机会来临时，身体却无力招架，那才是真正的悲哀。

如果有这 3 种特质，说明你的人生在走上坡路

前一段时间，一个超级费劲的项目将我搞得焦头烂额。我不光要督促员工在短时期内高质量地完成大量工作，还要跟甲方周旋，尽可能防止他们变来变去。

那一段时间我每天只睡 4 个小时，头发哗哗地掉，但是项目却没有很明显的进展。

甲方的思路一变再变，一篇 1.2 万字的稿子，我们一星期改了 7 遍，但还是被甲方指责不用心、不努力。后来经历了不知道多少次凌晨 3 点起床写稿，多少次扯皮，更不知道以掉了多少根头发为代价，这个项目终于完成了。

我之所以这么拼，就是因为我觉得像我们这些普通家庭的孩子想要逆袭，想要过上自己梦想的生活，就必须拼尽全力奋斗，用汗水浇灌梦想，让人生向上走。

但朋友爱喜的一句话，一下启发了我。她说："世俗意义上的成功绝对是一项系统工作，努力只是上行的基础，你还要具备相当多的要素，才能够顺利实现阶层上行。"

除去努力之外，你要具备哪些要素，人生才能向上走呢？

-01-

人生先有厚度才能有高度

我一直觉得除了能力、时机之外，人要经历诸多的考验和磨难，才能够走到相应的高度。

我向来不太相信年少成名这回事，因为实在不具备普适性，经历也不容易复制。那些年少成名的人，很多都是有了很好的基础，再加上一点儿时机，才成功的。

所以我认为年轻人不要急于求成，更不要想着一夜暴富，而是要静下心来，多经历、多学习。如果有机会的话，体验一下挫折也不是坏事。

前一段时间我有一个读大学的妹妹想要休学做代购，问我的看法。

我就回复了一段名人的话：20多岁的大学生最重要的事情就是好好读书，大学生创业九死一生，要善于把握机遇，学会体验苦难。

她不服气，她觉得自己做了一段时间的代购，对这行已经摸到门道了。而且她说那些名人读大学时也没有成绩特别好啊，他们成绩不好的能出来创业，为什么她不行。

我告诉她，一个人能达到什么高度，除去运气和机会，还要看他的积累、他的经历造就了什么样的人生厚度。

假如把你送回 1999 年，在你已经知道了一些名企后来发展轨迹的情况下，让你代替那些企业家，你能够做得像他们一样好吗？

芥川龙之介说："删除我一生中的任何一个瞬间，我都不能成为今天的自己。"

同样的道理，哪怕你熟读那些名企的各种材料，了解那些企业家人生的每个重要节点，你也成不了他们。

所以你要踏实工作，而不是吃着碗里的，看着锅里的，最后什么都做不好。

踏实在这个时代真是一种稀缺的能力，但也正因为稀缺，才有价值。

-02-

找准自己的位置

我一直很喜欢暴风影音创始人冯鑫的一句话，大意是：

你要找到自己在天地之间的位置，这时候就会有各种力量出来推着你往前走。

冯鑫喜欢老庄，这句话说得有点玄乎，但核心意思就是你要去做自己喜欢且擅长的事情。

发展心理学认为，一个人的成长是连贯的，如果不是遇到特别重大的事情，或者是非常努力地想自我改变，人的各个方面都是很难发生重大变化的。

像我从小到大都是"错别字大王"，不是不想认真，是很多时候真的做不到。所以我就不适合做编辑类的工作，但好在我还算擅长写作，更适合当作者。

汽车之家创始人李想就说："有些人才没的培养，是那块料就是那块料。"这不是说人有高下之分，而是说有适合跟不适合之分。

费米和费曼都是名留青史的物理学大师，他们就曾经回忆，他们需要用计算机算一晚上的东西，冯·诺依曼只需要半小时就能算出来。

费米和费曼都是天才科学家，但是一样对冯·诺依曼钦佩不已，他们甚至都认为冯·诺依曼比爱因斯坦还要聪明得多。

当然，并不是说冯·诺依曼综合实力一定比爱因斯坦和费米、费曼更牛，而是说他在适合的领域会更牛。

当你找到自己适合并且擅长的那份工作，持之以恒地训练自己，相信你会越飞越高。

-03-

身段低的人往往层次高

我之前跟吴晓波老师的一个编辑聊天，她说："感觉你不是很有架子，这很难得啊！"

我回她："我又不是什么大作家，能有什么架子？"

编辑老师却不以为然："现在的作者不管咖位大小，很多人架子超大，而且都很高冷，你算是很难能可贵了。"

这位编辑老师还说，有些作者水平并不高，自己的能力也跟不上自己打造的人设。但就是这些看不清自己真正实力的作者，态度才特别恶劣。

很多人因为某个机会获得了一点点成就，就忘乎所以，以为自己的一切都是靠能力和天赋得来的。

其实并不是，他们得到的很多东西，都是靠运气得来的。尽管运气也是一种实力，却并不足以证明他们不平庸。

我不知道你有没有发现一个现象，层次高的人往往身段低，层次低的人往往身段高。

我也认识这位编辑说的一位老师。她第一次找我谈公众号互推，尽管我的公众号的体量比她还要大一点儿，可是她在确定了我的意向之后，却让我去跟她的助理谈。

后来我们又在一次年会上遇到，我跟这位老师打了招呼，这位老师就忙不迭地让我有事儿联系她助理，然后就跟别的老板聊天去了。

后来听说这位老师因为爱摆架子，情商又低，跟别人闹掰了，恰巧人家是知乎大V，去网上一曝光，闹得很不愉快。

且不说你是不是真的有本事，就算真的很牛，又何必摆架子、甩脸子呢？

这样的人，路只会越走越窄，因为久而久之就没有人愿意帮他了。

越是身段低的人，走得越远，站得也越高；越是身段高的人，越是身在泥潭中，越走越难。

平常谦虚一点儿，待人谦和一点儿，总归是有好处的。

为什么有的人一开口就输了？

曾经有一位非常知名的社会学家说过，这个社会归根结底是靠人与人之间的联系运作着的。

人和人的联系靠什么维系呢？其中很重要的一部分就是说话。但是就像大家看到的那样，好多人一开口就被各种鄙视，甚至因为话说得不当而影响到了日常生活。

-01-
====

不会说话可能是因为自私

蔡康永在《说话之道》里曾经提到过，好好说话其实就是"要把别人放在心上"。

心里只装自己的人都或多或少地带点自私，他们根本没有把别人的好恶放在心上。说话总是从自己的欲求出发，从不考虑别人的感受，自然容易引起其他人的反感。

这些根本没考虑别人好恶的人，常常说自己性子直，其实根本不是性子直，只不过是自私罢了，说话之前丝毫不考虑别人的感受。

没人会喜欢一个凡事只想着自己的人。

-02-

不真诚的人讨人嫌

想必大家都听过一句话：真名士，自风流。

这句话的重点就落脚在一个"真"字上。可是很多人进入社会以后，就变得越来越虚伪，小心眼越来越多，跟"真"字越来越远。

比如说，有个男生跟女朋友约会迟到了半个小时。一见面男生就赶紧跟女生道歉，可是道完歉之后，他总是来一句"不过"："不过，这事儿也不能赖我，路上实在太堵啦，我已经早出发一小时了，那我能有什么办法呢？"

又比如，你因为做错了事情向老板道歉，前面本来说得好好的，但是你最后又接了一个"不过"："不过这事儿也不能完全怪我，毕竟是那么多人一起，让我一个人背锅，我觉得不公平。"

这些"不过"反映的是内心不服气，因为在他们的内心深处还是坚定地认为自己没错，自己低头认错也不过是权宜之计。

但是你这么不真诚，久而久之，大家都会认清你的真面目。所以如果你要道歉，就要真心实意，内心里一点儿"尾巴"都不能留；如果还留了"尾巴"，那也只能说你根本就没认识到自己的问题所在。

-03-

没人喜欢浑身带刺的人

村上春树曾经说过一句话，大意是：如果你是一把锤子，那你看什么都像一颗钉子，都想砸一下。

最不会说话的人，就是这种带有斗争思维的人，他们永远不会把别人看作机会或者可以友好并存的人，而是把每个人都看作对立的。

但是大家去看看那些真正功成名就的人，他们不仅不会把别人看成敌对的，反而会把每一个人都看作自己的机会，温和平等而不失尊重地对待每一个人。

真正高段位的人，并不会因为你现在是什么样的人就怠慢你，每个人都可能是他的善缘。如果你一直带着斗争思维待人接物，那你在无形之中就可能会得罪很多人，丧失很多机会。

而且带有斗争思维的人难免会争强好胜，凡事都爱争个高下，这就很容易破坏一段原本良好的社交关系。

要知道，没人会喜欢一个浑身带刺的人。

-04-

切莫自带"地雷"

有好多人觉得自己情商太低，不敢去跟人聊天，但是据我观察，越是这种不敢说话的人，越是自带"地雷"，说出的话就越让人崩溃。

小李是一家公司的新人，因为怕说错话，平常不太敢和大家聊天，跟同事们的关系也就马马虎虎。

但是小李是一个内心戏很足的人，他每天都在听大家说什么，想尽办法加入大家的话题。一次，他碰巧听到另一个快要结婚的女同事因为筹备婚礼的琐事，老跟男朋友吵架。

小李当时没有说什么，但在后来的一次部门聚餐上却特意"关心"对方："我觉得你未来可能情路坎坷啊！老吵架的人不会对你好的，你得小心渣男啊！"

像小李这种情况其实很常见，这些人虽然平时不怎么说话，但只要话一出口，效果就堪比核武器。

说话这种事情，就像明代哲学家王阳明说的，"人须在事上磨，方立得住"。只有不断去练习，才有变好的可能。

第三章

价值崛起：打造你的硬核竞争力

真正的高手，都在培养"闭环能力"

真正的高手都是加速度开挂的，你会发现他越来越强，时间越久，你就越难追上他。

而普通人保持原样的力量也是越来越大的，年纪越大越难改。就像有人说的，想要改变一个 30 岁以上的人都难如登天。

因为人的行为体系是环环相扣的，如果你想要改变一个人的某种行为，你受到的不是这个行为的抵制，而是这个人全部生活习惯的抵制。

真正的高手都是在训练自己的正向闭环，让自己的行为系统越来越优化，抵御负面行为的能力也就越来越强。

而普通人则是不断强化原有的行为系统，完全不管是否进行了优化，一切都在顽强地保持原样。

最近我受到了周围人的持续攻击，从家人到助理都在扎心：你是怎么在短短的半年长胖 20 斤的？

我很认真地思考了一下，我整个生活模式都出了问题：工作很累—拒绝运动—用吃补偿自己—吃得晚导致睡不着—

更肥—更累。

这显然是走入了一个负面的闭环，人生越来越丧，越来越累。

我每天的睡眠基本不超过 6 小时，若工作时间加长就想吃更多，晚上吃消夜又会加重身体负担，加上工作未完成的焦虑，就更睡不着。我就是这样走入了一种负面的闭环。

-01-

方向往往比努力更重要

正负是人的主观评价。比如一套行为能让你变瘦，就是正向闭环；一套行为能让你变胖，就是负向循环。

最可怕的是，追求正面结果的人使用了一套负面的行为系统。

法国大文豪巴尔扎克的直接死因，一直是世界文学史上的一桩悬案。但有一点被绝大多数人认可：巴尔扎克是累死的。

著名雕塑家罗丹曾经说过："巴尔扎克每天工作超过 16 小时，晚上 8 点钟睡觉，凌晨一两点起床工作直到早上 8 点钟吃早餐，再工作到晚上 8 点钟，每天只吃很少的食物，但是要喝七八杯浓咖啡。"

巴尔扎克 56 岁去世，一生喝了 5 万多杯咖啡，而且经常把三四种浓咖啡混在一起。所以，很多人也认为巴尔扎克死于咖啡因慢性中毒。

巴尔扎克走入了一个负向闭环：我需要休息，让大脑重新焕发活力，旅行就能让我休息。但是要能去旅行，就必须得有钱；为了赚到钱，我必须要工作……我陷入一个恶性循环，根本不可能逃出来。

越是忙、越是累的人，就越不愿意学习时间管理和人生规划，更不愿意安心学习，只愿意埋头干活。

可是越不学习，你使用的知识和工具就越落后，你的事情就越多，你的效率也就越低。

越是高手，就越会选择一种能够让自己越来越强的正向闭环。但很多人只会选择一种竭泽而渔的方式，花大力气走一条错的路，结果越走越黑。

那你应该怎样养成正向闭环呢？

-02-

让习惯而不是意志力改变人生

绝大多数人的闭环是靠意志力维系的，但是意志力本身是稀缺的，而且常常是无效的，这就导致绝大多数人没办法形成正向的闭环。

有学者认为，身体是可以养成行为模式的。我们完全可以不用意志力强迫自己，就可以养成正向闭环，但关键是要养成好习惯。

澳大利亚心理学家奥腾曾经分别找了一批长期坚持健身的人和没有健身习惯的人，要求他们做一个枯燥的实验。

每周这批被试者都要被带进一个房间，盯着电脑屏幕上移动的小方块，同时还要忍受另外一个房间的综艺节目的声音。如果他们分神听了外面的节目，那就无法完全盯住移动的小方块，成绩就会低。

过了几个月，研究者发现，那些坚持健身的人，成绩越来越高；而那些没有健身习惯的人，几乎没什么长进。

研究者还发现，经过专注力的锻炼，坚持健身的人在其他方面也相应地得到了改善，比如不再乱花钱了，学习也更勤奋了。

也就是说，坚持锻炼的人的专注度和延迟满足的能力也会提高。这就是一个好习惯带来的正向闭环：锻炼—专注度和延迟满足能力提高—精力更充沛—锻炼。

所以说，要想养成一个持续发挥正向作用的闭环，就要先养成一个好的习惯，让你的大脑和身体自动适应一种正向的行为模式，而不能单靠意志力。

-03-

兴趣是事业的核心驱动力

李嘉诚曾经说："创业初期，我几乎百分之百不靠运气，靠努力工作来赚钱，所以对你的事业有兴趣十分重要，只有对工作有兴趣才能够投入工作，你的工作才能够做得非常好。"

但是绝大多数的人要么是对工作完全不感兴趣，要么就是兴趣跟工作完全没关系。

我认为最简单的方法就是找一个能够包含兴趣的工作，热爱兴趣，也就是在热爱工作。

让兴趣作为你事业的核心驱动力，就像是养成了一种你非常热爱的习惯，你会自动地投入工作：投入足够多的时间练习，提升能力。因为能力提高了，更好地兑现了价值，既做了自己热爱的事，又获得了回报，所以更加热爱。

热爱自己职业的人，不可能做不好自己的工作。

-04-

用"学习—输出—学习"模型完成人生IPO

所谓的IPO就是公开发行募股，也就是发行股票。对于很多知识工作者来说，持续地输出知识，就是在发行股票。你的知识越有用，越受欢迎，那你的知识产品也就越值钱，类似股价就越高。

但是股价怎么才能更高呢？

你只有建立正向的"学习—思考—输出—学习"闭环，才能够让你的股票越来越值钱。

比如，管理学大师彼得·德鲁克的成长模式就是"用咨询驱动—用讲课整合—用写作产品化"。

这不仅仅是对写作者、知识工作者才适用，对所有人都是一样的：只有不断学习和思考，业务能力才能提升，然后不断实践、再学习，人才会有进步。

-*05*-

铸造你的"个人品牌"

不管你相信不相信，个人品牌是你最核心的个人价值之一。

也许你会有这样的疑问：我是一个普通人，难道我也有个人品牌吗？

当然也是有的，比如老板对你的信任，同事朋友对你的信赖，合作伙伴对你的观感，都是依赖你的个人品牌产生的。

前几天，一个在做领导秘书的同学跟我聊天的时候告诉我："有时候领导交给我的工作是很难办的，当然，领导也不是不知道工作不好办。"

但关键问题是，领导往往不会考虑这件事情下属能不能办到，他只会产生一个印象：这个秘书真没用。

所以，一个人的个人品牌一旦被毁了，也就很难再有被重用的机会了。

一个真正好的个人品牌，是能够持续为你带来收益的，而且这种收益是滚雪球式的。

所有高手对个人品牌的追求都是在追求一种持续的正向努力，既是一种掌握规律的表现，也能够让你的眼光变得更长远，工作起来不浪费精力，自然也不容易浮躁。

精英气场速成指南

有很多人觉得自己没气场，说话办事不容易被信服。

特别是很多做互联网的人，在谈到需求的时候经常吵架，气场强的人一叉腰、一瞪眼，那些气场弱的人往往就败下阵来了。

里昂发现，在跟另一个被公认气场很强的同事聊天的时候，思路总是被带走，有一种被掌控的感觉。而且在他跟程序员提需求的时候，程序员只需要强势地反问一句："你觉得这个需求有价值吗？"里昂就会一下子败下阵来。

应该如何培养自己的气场呢？气场就是摆凶耍狠吗？什么样的强气场会让人信服而又不厌烦呢？

-01-

气场不是摆凶耍狠

所谓的气场，就是你的自主、自信和个人能量在你周围形成的一种能量场，可以无形地影响你周围的人。

好多人有一种误解，气场强就是靠"凶"。

比如董明珠的气场就很强，很多人对她的第一感觉也是她很凶。但董明珠其实并不是因为凶才气场强，而是因为她本身性格就是那样。真正的气场并不是单纯有钱、有权，或者态度凶就可以的。

你会发现真正气场强的人是很容易被其他人信服和追随的。别人并非因为害怕他的钱、权、势，只是单纯地对他表示信服和愿意追随而已。

很多想培养气场的人都走入了一个误区，让自己扮勇斗狠，其实没有什么实质性的作用。

传播学四大奠基人之一的德国心理学家库尔特·卢因曾经主导了著名的民主实验。他安排了两组小孩，其中一组是民主组，工作人员会在里面选一个民主、温和的领袖；另一个实验组是专制组，工作人员会让其中一个孩子用更专治、蛮横的方法来管理其他成员。

卢因发现，专制、强硬的人并不容易被信服，也不被喜欢，尽管使用了强权，团队成员的合作也不紧密。民主、温和的领导者则更容易获得群体内成员的支持、信任和爱戴，团员合作更紧密。

所以想让自己的气场变强，你就要检视自己待人接物的方式，在品格和行为上打造自己，做一个温和、善于体察别人内心、凡事从公心出发的人，让身边的人自然而然地对你产生信赖与支持。

-02-

内在气场培养：肚里有货、心里有底

有内在气场的前提是肚里有货、心里有底。这样的人在说话办事时不容易被带偏，对工作上的事情能够从容应对，也容易获得别人的支持和信任。最重要的是，在两军对垒之时不会慌、不会乱，不至于跟别人一交锋就败下阵来。

德国政治学家弗里茨·诺依曼曾经发现了一个很有意思

的现象：在 1965 年的联邦德国大选当中，原本两个政党势均力敌，选民和媒体都觉得胜负难料，但在选举的最后一刻，其中一个党派却遭遇雪崩式惨败。

诺依曼研究了双方选民，原来惨败政党的支持者误以为绝大多数人都在支持对方政党，宣传上的偏差导致认知错位。失败政党的选民很害怕成为极少数的"异类"，就不敢或者也不愿意选自己的政党了。

诺依曼进一步研究什么样的人在群体中不容易被带跑偏，不会因为别人的意见而改变自己的立场，发现专业性强、善于独立思考的人往往更坚定。

这就是我们说的肚里有货、心里有底。

当你成为某个领域里的牛人的时候，别人提出任何观点，你都不会盲从，只会独立思考，因为你知道他说的是对是错。

所以，提升气场的第一步就是要充分地学习各种知识和经验，确保自己在日常交流中不会败下阵来。

第二步是要优选自己的知识来源，打造自己的精神阵地。如果你总是看一些朋友圈里的谣言或者缺乏逻辑思维的东西，那么你的精神架构必然是跟日常看的东西水平相当的。如果你看的都是人类文明的精华，不管是西方先哲的著作，还是传统国学典籍，你的认知自然能够跟随着大牛的思路走下去，你的精神水平也将获得提升。

-03-

外在气场培养：服装、职位、气质

不管是内在还是外在，同样都是构建一个人气场的重要因素。但是绝大多数人建立对你的第一印象必然不是看内在，而是看外在。

我曾经去甘肃省平凉市参加了一场送医药下乡的公益活动。团队里有两位省三甲医院的知名医生：一位是60多岁，白发白眉，看起来仙风道骨的老中医；另一位是30岁左右的年轻西医，也是国外留学回来的医学博士，不过他长了一张圆圆的娃娃脸。

排队看病的时候，老中医前面排起了长龙，而年轻的西医前面几乎没人。

病人在医院里也总喜欢挂老专家的号，医生越老，病人和家属就越放心。

我问过在医院工作的朋友，对于医生来说，很多时候老并不是一定就好。因为医学界对一些病的研究已经有了很多新进展，年轻医生接受新知识更多更快，而老医生可能相对慢一些，受经验的制约也会多一些。

当然，大多数的普通患者对此可能一无所知，只会认为医生越老越好。

此外，职业装扮对气场的提升也很重要。

我采访过一些飞行员，他们穿或不穿飞行员制服带给我的观感截然不同。那些穿着飞行员制服的，特别是身材挺拔、外表英俊的机长，会给人特别专业的印象，让人自然地对他产生信赖。

所以如果你想提升气场，一方面是不要毛躁，要踏踏实实地在行业里面打磨自己；另一方面，特别是在传统行业，你一定要有一套剪裁得体、用料考究的职业套装。如果条件允许，还可以找一个形象顾问帮你设计一下。

-*04*-

人际气场培养：内心强大最重要

培养强大的气场最重要的是"养心"，要有一颗强大的内心来抵御外界力量的侵袭。

有很多人看起来好像气场很强大，但是遇事面临考验，就慌了手脚，这就是内心不强的缘故。

那要怎样养心呢？

明代哲学家王阳明曾经说："人须在事上磨炼做功夫，乃有益。"

王阳明曾经和宁王朱宸濠对战时处于劣势，他向身边的人发布火攻的命令。他说了 4 次，身边的传令官才从惊恐中回过神来。

王阳明认为这种人就是平时炼心的功夫不到位，一临事，就慌乱失措。那些急中生智的人的智慧可不是天外飞来的，而是平时学问纯笃、时常炼心的功劳。

王阳明一个学生的儿子被判了死刑，这个学生就很慌张，急忙问老师该怎么办。王阳明大喝一声："我平常教你的功夫都忘了吗？越是这个时候就越应该沉住气。"

真正的内心强大必须在做事上磨炼，才能站得住脚，做到于静中能定，在动中也能定。

所以，你要在人际交往中锻炼自己。说话办事越是着急越不能慌乱，因为慌乱并不能起到实质性的作用。越是急忙慌乱的时候，越要告诉自己：这是一个考验，要刻意练习。

你要明白，只要你不是有求于人，对方是不是有权有势对你影响并不大，哪怕你有求于人，也完全不用卑躬屈膝，应该做到不卑不亢。

当然，气场不是花架子，就像新兵不是穿上军装、知道军事知识，就能跟老兵一样有杀气。想要提高气场，你需要在枪林弹雨里磨炼，方能有长进。

30 岁前学到哪些能力会让你的一生决胜千里？

维奥拉（Viola）是北京一所知名 985 高校的国际新闻硕士，一毕业就进入了北京某事业单位。

可她最近很烦恼，她已经工作 3 年了，还因为单位控制整体薪酬支出没评上中级职称（硕士无意外情况是两年评中级）。最近单位又以增缴公积金的名义，在她的工资里多扣了 1200 元，每个月到手的钱只有 4700 元。

公积金增加了，但是她每个月拿到手里的钱却实实在在地减少了。更重要的是，今年初维奥拉的父母想办法给她在五环买了一套 40 平方米的小房子。受到房贷和减薪双重压力，她对未来有点绝望了。

有一次吃饭她跟我说："秀老师，你知道那种人到 30 岁还必须跟爸妈要生活费的感觉吗？"后来我听维奥拉说，她面试了财新和今日头条，但都没被录用，她发现自己安稳了 3 年，就已经不太适应外面的竞争了。

我特别能理解她，一个人的人生尽管漫长，但是紧要的地方只有几步，前面走错了再想回头，试错成本会非常大。

30 岁前的这几年，很可能会对你的职业生涯产成根本性的影响。

如果单从务虚的原则来讲，30 岁前你应该培养什么能力，才能让你的人生决胜千里呢？

-01-

积极地看待世界的能力：到处都是机会和资源

经济学家许小年曾经说："中国现在遍地都是投资机会，就看你是不是认真去找。"

有很多人说机会越来越稀少，问题就出在后半句上，他们没有一双善于发现机会的眼睛。

你怎么看待这个世界，这个世界就是怎么运行的。

有一次，我国制碱工业之父、知名化学家侯德榜在天津塘沽海边游玩，看到一叠又一叠的浪花把白花花的盐拍在沙滩上。当时西方嘲笑中国人搞不出制碱工艺，侯德榜有感而发：一个搞化学的人，如果面对这么丰富的资源还没有一点儿雄心壮志，那就太窝囊了。

　　而那些渔民则在抱怨，这么大的风浪，耽误了他们出海捕鱼。

　　看待世界的方式，很大程度上会决定你理解这个世界的方式。如果你积极地看待世界，勇敢地寻找机会，你就会发现，机会其实要比你想象的多得多。

　　就像之前著名产品人梁宁老师在分析拼多多的时候说的，那么多人在骂拼多多，在嘲笑拼多多，可正是拼多多发现了中国还有那么多低消费能力人群，没有享受到跟别人一样的产品体验，紧紧抓住了这个机会，才有今天。

　　未来如果拼多多仍然与假冒伪劣商品为伍，那么它早晚会倒下；如果它选择用市场和技术的力量来改变现状，那这家公司就值得期待。

　　君不见小米通过减少中间环节等手段把手机价格降到了多么惊人的程度。如果你曾用心观察，一定记得很多年前跟砖头一样大的山寨机在大街小巷的火爆程度，但是你现在再去这些地方看，就会发现红米这样的智能手机已经完全取代了当初的山寨机。小米用极低的价格大大提升了低收入群体的使用体验，也因此创造了数百亿美元的市值。

　　做一个愤青并不难，对现状多愁善感也不难，难的是如何用努力让社会整体进步，抓住机会，用聪明才智服务更多的人，顺便也让自己变得更好。

要去发现机会，不要只是多愁善感、发表一些愤世嫉俗的言论，那只会让你变得更盲目、更糟。

-02-

不认命的能力：心态决定你的"天花板"

不管你愿不愿意承认，人的一辈子都面临着两大挑战：一是资源不足，二是欲望无限。

在这两个大前提下，人的一生就是充满竞争的长征，你要跟无数的人竞争、协作来掌握资源，尽可能地满足自己的需求。所以你有没有不认命的能力，能不能有"我能够做得更好"的心态，会在很大程度上决定你的"天花板"。

香港有一句话：张国荣都要熬 8 年。意思是张国荣当年出道的时候也经历了诸多坎坷，熬了 8 年才真正地大红大紫。

张国荣在倪匡的访谈节目《今夜不设防》和后来的一次演唱会里都提到，自己选秀出道之后经历了 8 年的黯淡期，虽然自己很喜欢唱歌，但是唱的歌都恶心到爆，唱片也卖得不好。

但是张国荣相信自己不衰，始终都觉得自己应该可以做得更好，于是他就买来当时市面上最流行的那些唱片，日夜听，反复学，终成一代巨星。

可绝大多数人是"年轻的时候中二病，走到中年认了命"。在这个充满竞争的社会中，很多人都像王小波说的，像一头等待受锤的牛，年轻的时候觉得自己无比厉害，谁都锤不了自己，可是等到走上社会，年纪越来越大，就发现谁都能锤自己一下。

我的座右铭是《无量寿经》里的一句话："勇猛精进，志愿无倦。"这里的勇猛其实就是不被生活驯服，不管面临多少困难都要永远锋锐的意思。

对自己有没有要求，对未来有没有期待，是一个人能走多远、有没有力量一直走下去的重要因素。很可惜的是，绝大多数人最后都服了软。

如果你就是那个庸庸碌碌的人，你甘心吗？大部分人都不会甘心，然后却仍旧一如既往。

永远对未来满怀期待，永远寻找方法精进、解决问题，你不会后悔的。

-03-
=====

老天不会亏待厚道人

决定"天花板"高度的一个很重要的因素，就是你靠什么价值生存，以及什么人靠你生存。换句话说，就是你能不能在某个问题上成为一个品牌，成为链接周围人的平台。

说白了，就是你要成为一个能够解决实际问题、能够撬动资源、愿意与别人共建生态、一起赚钱的人。

前一段，我翻到阿里技术委员会主席曾鸣教授的一段话，觉得很有意思。他说：为什么苹果、谷歌、BAT 这些大公司都在做生态，做平台，带领合作伙伴一起成长？因为在平台上插一根扁担都能长出花来。

道理很简单，当你建成了一个平台，所有的开发者、商户都在你这个平台上运转，那就相当于全世界都在帮你建设平台、成就目标，"时来天地同借力"，同时平台的壮大也惠及了更多人。

很多平台都满足了这三个元素，才能够发展壮大。比如谷歌向非苹果手机开放安卓系统，苹果协同 App 开发者共建 IOS（苹果移动端操作系统）生态，腾讯通过拓展合作伙伴挖宽护城河，本质上都是通过帮助开发者和第三方赚钱，来让自己的生态系统更加坚实，让用户和开发者跟平台形成相互依赖的关系。

就像梁宁老师说的，"成就你的其实就是你的价值网，谁在依赖你，这才是这件事情的本质"。

从某种意义上，当我进入了职场写作领域之后，我就构建了一个微型的平台。通过对外输出内容，聚集一大批志同道合的朋友以及合作的公众号，既向大家提供优质内容，也跟别的公众号互相导流。

钱穆在《中国历代政治得失》里讲，判断一个朝代制度好坏的标准，是看这个制度是出于公心还是出于私心，是造福大众还是造福小众。

判断一个人段位高低、潜力大小，也要看这个人是愿意跟大家一起做事，还是只愿自己赚钱。

这就是为什么雷军说老天不会亏待厚道的人。因为你平常总是拉人一把，关键时刻别人才会愿意扶你一把。

-*04*-

如何养成决胜千里的能力？

1.杜绝"喷子"心态：凡事都有一线生机

我自从接触公众号以来，发现网上的"喷子"实在太多了。

我之前发了一篇讲述我交了 20 万元离职的真实经历，有很多网友把整篇文章喷得一无是处，指责我编造经历，说我贩卖焦虑、蛊惑人心，更指责我鼓励大家离职别有用心。

这种心态就是典型的"喷子"心态，看到新的思想和新的现象，首先思考的不是这种思想哪里好、哪里不好，自己能学到什么，反而是从各种奇葩的角度谩骂，认为除了自己以外的一切人和事都非常不堪。这就是为什么喷子没有成长。

遇到新的问题和新的思想，你首先要做的是独立思考这件事情对不对，如何从中获取价值。如果不能理解，要先思考是不是自己的眼界太狭窄，知识太贫瘠，而不是先质疑别人。不要做"喷子"，"喷子"是没有未来的。

2.思考人生愿景，要对自己有期待

为什么不认命的人往往会更成功一些？因为他们是对自

己和未来有要求、有期待的。在这种动力的驱动下，不管遇到什么问题，他们都会积极地找办法。他们不能忍受自己"不够好"。

所以你要思考自己的人生愿景，你是希望自己做一个甘于庸碌的人，还是认为自己应该做得更好，不断去寻找能够让自己变得更好的机会和办法，这会决定你一生的高度。

提供一个最简单的办法，每个月或者每个季度你都问一下自己：现在的生活、工作是我满意的吗？现在的我做得足够好了吗？如果都是不，应该怎么办，怎么改进？

3. 做一个互利共赢型的人

如果你跟大家做事，让大家都获了利，你就是互利型的人；如果是只有你获了利，那你就是自利型的人。

举个很简单的例子，我有很多文章被很多公众号转载，很多所谓的大号会把我的作者简介（不单是我）放在一堆广告图片中间，用最小号的字、最浅的颜色进行标注，有的甚至根本就不标注。

这种行为归根结底就是自利，他们只想用作者的文章，但是要尽可能地不为作者导流，最好让用户根本不知道这是谁写的稿子才好。久而久之，谁还会愿意帮助这些公号成长呢？

其实解决这件事情的办法也很简单，就是把转载的作者、来源、公号 ID、作者简介这些基本信息用跟文章一样的字号、颜色标注在显眼位置就好了。

做事情之前不要只想着自己能得到什么，还要想想别人能得到什么，甚至想方设法地让别人多拿一些，对志同道合的朋友要合理合法地帮到底，有信息和资源多多向好的朋友分享，这样的人往往会走得比较远。

真正靠谱的人，都有这 3 种能力

现在对"靠谱"最流行的定义就是所谓的"凡事有交代，件件有着落，事事有回音"。但这是一个非常笼统的定义，而且更聚焦在事情的"终点"，也就是最后你能给老板一个什么样的结果、反馈。

可是，决定一件工作能不能到达终点，到达什么样的终点，还是要看有什么样的起点，以及经过了什么样的过程。

你很难想象开头和中间都做不好的人，能有多靠谱。

一个人之所以靠谱，往往是因为 3 种能力：高效的闭环沟通能力、有坑必填的执行能力、扛打耐摔的职业精神。

-01-

高效的闭环沟通能力

任何组织关系归根结底都是人和人的关系，那么人和人的关系靠什么维护呢？很大程度是要靠沟通来维护的。

职场上最佳的沟通就是高效的闭环沟通，可以分为两点：第一是高效沟通，跟老板汇报、同事沟通先说结论，并准备好 2~3 个解决方案，然后用合理的逻辑、翔实的数据和材料支撑你的论点；第二是闭环沟通，要求你牢记自己手上经过了什么事情，在相应的时间节点要主动问询事情进展。要知道，很多项目就是被大家"默认周知"断送掉的。

1. 高效沟通

在这个每个人都只有 8 秒注意力的时代，一句话说不清楚结论的人，往往还没开口就已经输了。

据说，富士康品牌创始人郭台铭曾经要求他的下属，遇到问题，在敲他办公室的门或给他打电话之前，一定要想好 3 个解决方案。

因为老板雇员工不是出难题的，而是解决难题的。

员工要做的是，遇到问题之后把问题做简单易懂的介绍，并准备好 2~3 个解决方案，给领导选择。这件事情看起来不难，但是真正能做到的人却很少。

我跟下属从晚上 7 点多开始微信沟通——

下属：老板，我们一篇文章没有推送。

我：昨天我不是安排好了吗，为什么不发？

下属：不知道为什么，不是很敢推。

我：不知道为什么？不敢？（已经开始不爽）

下属：嗯。

我：你就不能一次性把问题说清楚？这已经是我第三次追问你了，你是在讲故事吗？卖什么关子？

下属：好的。

（30分钟后）

我：所以到底是为什么？

下属：已经比预定时间晚很多了，我怕影响效果。而且我第一次自己推送，我怕出问题。

这就是一个非常典型的低效沟通案例，我们从7点多沟通这么简单的一个问题，到8点我才得到答案。

如果一开始就说明原因，并提出相应的解决方案，后面的沟通完全可以省略。

要知道，职场上任何拉长沟通路径的行为都是在浪费宝贵的时间，更是在消耗老板的耐心。大家都很忙，谁有空陪你绕弯子？

2. 沟通闭环

所谓的沟通闭环，就是"事事有回音"的集中体现。

每个人手上的业务都是千头万绪，你沟通过的事情，如果不是对双方都特别重要，那就很可能会被对方以各种各样的理由遗忘。

"自以为"是职场沟通的原罪，你以为人家对这事儿理解了、放心上了、记住了，其实都是"你以为"，如果不经过反复确认和提醒，任何事情都有被遗忘的风险。

有位老师讲过一个高盛的故事，高盛是阿里在美国上市的承销商，这位老师跟高盛协商认购了一部分阿里股份（最后抽签分到的比例极小）。

高盛开始筹备时，第一次给他打电话，并发了一封超级详细的确认邮件，要求他回复"确认"才算完事。

每次业务到达相关节点时，高盛都要通过电话和邮件通知他，确认他已经了解相关信息，并会继续推进。

业务结束时，高盛还会用电话和邮件通知这位老师，一方面总结复盘，另一方面是感谢他的支持，期待以后继续合作。

后来这位老师感叹说："高盛这种百年企业能够屹立不倒，不是没有原因的。"

我们的日常工作中，经常会假设对方什么都懂、记忆力超群、非常负责任，可现实并不是这样。这种沟通常常是有缺口的，很难有特别好的结果。

所以在沟通这件事上，你一定要在关键节点，跟关键执行人反复确认，即便对方不耐烦也要推进。毕竟如果项目出了娄子，难受的就是你自己了。

-02-

有坑必填的执行能力：重要的是把坑转化为成果

职场上衡量一个人水平的，永远都是这个人的成绩，而不是过程。

但过程往往决定结果。进行一项工作时，难免要踩各种各样的坑，能不能顺利到达终点，要看你能不能把这些坑填完。

靠谱的人会想尽办法把坑给填平，把问题解决掉，而不是绕着走，或者把问题交给别人。

我之前带过一个团队，手下大约有20位作者同时写稿子，同时还有4位编辑改稿。

这个项目可以说到处都是坑。先是甲方过度理想化，想当然地提要求，8000字的稿子7天改了7遍，仍然指责作者和编辑不给力，未达到要求。

在这种情况下，很多编辑、作者开始撂挑子，而且理由千奇百怪：有的说自己生孩子了；有的说自己爸妈离婚了；有的说自己离婚了；有的说自己结婚了；有的说自己每天都很忙（朋友圈里却有她去青海旅游的照片）……

最离奇的是一个作者，他一周跟我反馈了三次：还差三段，还差两段，还差一段……可是这最后的一段却怎么催都催不来了，最后直接就不理我了。

为了填这个巨坑，那一段时间我几乎天天凌晨 3 点钟起来写稿，去厦门度假一星期，4 天在酒店工作，剩下 3 天上午工作，下午出去玩，晚上继续写稿。

去海南出差，在飞机上全程工作，每天只睡三四个小时，后来从海南回来的时候在机场睡着了，差点误机……

说这段故事并不是想说我有多么辛苦，而是想说在很多时候人必然会面临各种各样的坑，这个时候不管是抱怨还是撂挑子，都不能解决问题，唯一能做的也是唯一应该做的就是把该负责的坑填起来。

什么是狼性？这才是真正的狼性！交给我的阵地，哪怕枪林弹雨我也不能丢了，哪怕真的丢了我也要亲手抢回来。

在这些人的眼里没有所谓的"坑"，只有"保证完成任务"的责任。

-03-

扛摔耐打的职业精神：
总希望别人哄着的人算不上真正的人才

作家余华说过一句话："中国年轻一辈人里面有很多优秀者，但很少有能扛得了事儿的人！"

这句话放在职场上，就是扛摔耐打的职业精神，就是看你被一次次否定的时候，是趴在坑里哭，还是爬起来接着走。

在前文这个写稿子的项目里我发现了一个现象：越是优秀的作者就越扛炼，改正错误的能力也就越强；越是水平低的作者就越要求照顾自尊心，也越拒绝改正自己的问题，抗压能力也越差。

我有一个师妹跟我做这个项目，她是我从读书的时候就在带的学生干部。但让我没想到的是，稿子刚改了两遍她就崩溃了。

她给我的回复是："我以为这是一个玩着就能赚钱的活儿，既能满足读书写作的兴趣，又能跟你学习。但是我熬了两夜，发现强度太大了。"

我当时并没有责备她，只是表示会尽快换人。她也对给我造成的麻烦表达了歉意。

但后来一个偶然的机会，我发现她把我的微博取关了，微信也屏蔽了。多年的交情竟然会因为改了两遍稿子就崩了。

乔布斯说："A 级人才的自尊心不需要呵护。"我认为还要补上一句：越是需要呵护自尊心的，越算不上真正的人才。

你期望别人哄着你、让着你，所有的工作都是一遍就过，这个世界上哪有那么容易赚的钱？

而我们另外一个作者，因为刚来，也还在摸索阶段，第一篇稿子就改了 5 遍。6000 字的稿子说改哪儿就改哪儿，从来没有一句怨言，那种踏石留印的执行力让我印象深刻。后来这个作者成了我旗下最好的作者，拿的稿费是普通作者的 10 倍不止。

我后来发现，这个世界上根本没有什么绝世天才，没有任何人是一生下来就适合干什么的，都要经历一段摔打，经过一次次磨难。

人和人产生区别的原因就是有的人扛摔耐打，扛过去了；有的人无比玻璃心，稍微有点不如意就嚷嚷着要退出。可是人生不是一项临时工作，哪有那么容易退出呢？

打破阶层固化最好的办法，就是折腾自己

朋友晚晚曾经跟我说："如果这个世界上真的有龙门，人一跳过去就能成龙，那就不存在什么阶级固化了，该多好。"

我笑着对她说："这个世界上当然有龙门，就是一个又一个的困难时刻。人想要变成龙，就需要跳过一座又一座的龙门。"

蜕变这种事情不存在一蹴而就，而是痛苦且漫长的，是需要不断地折腾自己，让自己跳出舒适区，精益求精，挑战困难极限，才能够实现的。

这让我想起了"日本经营之神"——稻盛和夫。他曾与7位合伙人一起创办了京瓷这家小企业，并最终把它带进了世界 500 强。这个蜕变的过程，就是稻盛和夫带领京瓷不断折腾自己，面对困难迎头挑战的过程。

主业是生产高密度陶瓷零部件的京瓷，曾经接到过一笔来自 IBM 的超级大单。

这个订单极具挑战性，稻盛和夫回忆说："当时京瓷的生产标准往往只用一张图纸就能写下，而 IBM 的生产标准有词典那么厚，工程师们别说生产这种产品，就连工艺说明都看不太懂。"

当时好多员工都认为，像京瓷这种名不见经传的小企业应该知难而退。但是稻盛和夫偏偏认为这是一个千载难逢的好机会，他带领工人吃住在车间整整两年，最后竟真的圆满完成了这个订单。

后来稻盛和夫回忆说："只有挑战这种泰山压顶的困难，你才会发现自己的能力是无限的。"

-01-

折腾成就可能——"我能行"是下一段人生的起点

福特汽车的创始人亨利·福特曾说："不论你认为自己行还是不行，你都是对的。"

好多人对战胜困难之后的结果梦寐以求，但是面对困难时做的第一件事，不是想办法战胜困难，而是说"我不行"。

也有很多人面对困难，怀着一腔孤勇，钻研问题找方法，紧紧地抓住这个实现梦想的机会，不断地折腾自己。

困难是人生的"赛点"，能够顺利跑完下一程，靠的不是"一帆风顺"，而是"愈挫愈勇"。

和菜头讲过一个故事，马化腾曾经提出在某个产品页面上增加一个功能，能够大大避免用户的烦琐操作。和菜头问过几个技术人员以后，得到的答复都是"根本做不了"，无奈之下他只能如实汇报。

两分钟之后，马化腾回复了四个字："你说什么？"和菜头赶紧回信说："抱歉，我们去想办法。"后来马化腾专门写了一封长信告诫和菜头：凡事不要先说做不到，还列举了好几个部门的 HTML（超文本标记语言）高手，推荐去找他们。

绝大多数人生的无限可能，都是在"不可能"和"做不到"后被扼杀的。

1978 年，在咸阳棉纺厂做辅助工的张艺谋突然急了，因为他听说这是大学最后一年面向社会招生，以后都只招应届生了。只有初中学历，原本想自学两年文化课再考大学的张艺谋突然发现这条路走不通了。

朋友田钧劝他：你拍照拍得好，可以考北京电影学院摄影系。

可是张艺谋带着作品进京后，招生老师却告诉他：拍得是很好，但是你年龄超了，没办法，年龄是条硬杠杠。

垂头丧气的张艺谋回到陕西，所有人都劝他放弃的时候，田钧又建议他把作品寄给当时的文化部部长黄镇，没准他一惜才就破格录取你呢？

很多人对这个点子不屑一顾，说："人家大领导，哪有时间管你这点儿破事！"但是张艺谋偏偏也是个爱折腾的人，他硬是在暗房里待了七八天，给黄镇寄去了一组作品。

后来的故事大家都知道了，看到照片的黄镇真的起了爱才之心，批示北影："立即通知张艺谋入学深造，可以以进修生或其他名义解决年龄问题。"

如果没有一开始的折腾，后面的所有故事都不会发生。

-02-

折腾成就稀缺——高价值人群的共同道路

我认为能让人取得世俗意义上成功的，最重要的就是价值稀缺性。

稀缺分为两种：一种是横向的稀缺，尽管未必精，但有的人什么都懂，什么都会，把自己的"护城河"挖到宽得难以想象；一种是纵向的稀缺，在一个领域里达到极致，把自己的"护城河"挖到深得难以想象。

不管是哪种稀缺，都源于你对自己的"难为"，"岁月不曾饶过我，我也不曾饶过我自己"。

你要么不断跨界，利用多元化的能力成就自我；要么就不断深挖本领域，利用极致专业化的能力成就自我。

前者让你不断打破边界，不断探索各种可能；而后者则让你不断探索领域的上下游，极尽钻研，成为最专业的那个人。

但不管是哪种，都需要你不断折腾，不断难为自己。折腾不息，稀缺不止。

很多关注我的朋友都知道，尽管我毕业没多久，但是收入却在不断翻番，而且还经常接到猎头的电话，询问跳槽意向。

好多朋友问我："为啥别人都在找工作，而工作都在找你呢？"

我常常会告诉他们，其实也没什么，就是敢折腾。因为我爱折腾，很早就进入了新媒体这条赛道，不断锻炼自己的写作能力和人际沟通能力，用这两项稀缺能力实现了收入的火箭式上升。

我正在尝试把折腾从自律变成一种本能，因为我知道，有好多通过折腾创造出来的优势并不是持久不变的。

因为落后你一两个身位的人可能马上就追上你，领先你一两个身位的人也需要你不断"难为"自己才能追上。

-03-

折腾成就巅峰——困难的事情才能留下回忆

前任美国总统奥巴马曾说："你不能让失败来限制你，而必须让失败来开导你。你必须让失败向你展示下次如何以不同的方式去做这件事情。因此，如果你遇到麻烦，那并不表示你是麻烦的制造者，而意味着你需要更加努力去把事情做对。"

这句话对我们普通人也同样适用，跌宕起伏才叫人生，每天都一样的生活只能叫过日子。

好多人回首往事，会发现真正定义人生的恰恰就是那些折腾自己、挑战困难的时光，而那些日复一日机械劳动的时间，通常不会给人留下任何印象。

知名的商业顾问刘润就曾说过，他参加的一次"玄奘之路"戈壁挑战赛让他脱胎换骨，铭记一生。

那个挑战赛要求参赛者在 4 天内徒步穿越 112 公里的无人戈壁。听起来路程并不远，但是实际比赛却异常艰辛。刘润回忆说："在戈壁里走了两天后，我的膝盖和脚踝都受了重伤，几乎寸步难行。"他膝盖受伤，小腿不能迈；脚踝受伤，脚掌不能抬起。每挪动一步，都会刺骨钻心地痛。

第三天，体能师警告刘润不能再走了，让他回到收容车上。但是刘润不听，喷了一瓶云南白药后继续走。

最后一天，在刘润离终点还有 16 公里的时候，主办方宣布结束比赛。但是刘润还是不想放弃，他对体能师说："求你陪我继续走完吧，每走 1 公里，我给你 1 万。我给你 16 万，求你陪着我，我一定要走完。"

没有亲身经历过这场比赛的人，可能无法理解为什么会有刘润这样的疯子花钱到戈壁去摧残自己。

但是刘润说："没有亲身体验的人，可能无法体会跨过终点线那一瞬间，我就像完全跨出了自己。那是一种脱胎换骨的感觉，醍醐灌顶。"

类似这种很多时候看不到直接收益的折腾，却对你的人生影响深远。能够定义你人生的，给你留下回忆的，也恰恰就是这种不断地折腾自己、不断挑战自我的事情。

喜欢折腾自己的人，不断逼迫自己走出舒适区，不断让自己挑战极限，明面上是知识、技能的提升，更核心的是精神层次的提升。

所以，如果有可能，请你尽情地为难自己、折腾自己、不断去开拓人生的可能性，为自己挖掘一条既宽又深的"护城河"，不断地挑战自我，成就人生巅峰，打破阶层壁垒吧！

还是那句话，岁月不曾饶过你，希望你也不要饶过自己。

为什么越是真正的高手，越爱下笨功夫？

国学大师钱穆曾说："古往今来有大成就者，诀窍无他，都是能人肯下笨劲。"

我也觉得只要肯下笨劲、肯吃苦，踏实、谦逊，始终如一，人就成功了一半。

不信你看曾经"笨"得出名的曾国藩，在一封写给儿子的家书里这样说道："余于凡事皆用困知勉行工夫，尔不可求名太骤，求效太捷也。熬过此关，便可少进。再进再困，再熬再奋，自有亨通精进之日。"

为什么只下笨功夫的人更有希望获得成功呢？

-01-

学习：有些时间省不得

学习的大忌就是不求甚解，去吃别人嚼过的东西。

但是近一两年以来，知识付费却风起云涌。好多老师、作者都跑出来卖课，把一门需要半年才能学会的课程精简到一小时，"读"给你听。

说实在的，这样真的管用吗？这么多"学生"，哪个改变了人生？

学习知识也是一样，必然是要全身心地扑到上面，一步一个脚印，由上及下，触类旁通。

如果一门知识需要80小时才能学完,200小时才能学精,那么只花2小时的人就必然学不好。

前一段时间有一个非常著名的平台请我去做课程，让我把三本书的课程精简到一个小时的音频里。

因为时间所限，我只好删繁就简，把大段大段的理论性内容删除，代之以好玩好听的故事。

让我吃惊的是，这个课程竟然卖到全网络第一，但是我觉得我给用户贡献了一款"看起来很好，其实没什么用"

的知识产品。所以后来我再也没有做这种课程，哪怕它卖得很好。

古往今来，学习都是一件苦差事，因为它本身就在筛选，把吃不了苦的人都刷下去。

吃得苦中苦的人，普遍走得比较远，造诣比较深。

-02-

名声：爱下苦功夫的人值得信赖

自古名利常相随，有名便有利，有利也可以有名。

为什么现在的人越来越重视名？因为有名就意味着滚滚而来的金钱。

那些下笨功夫，吃大苦头成功的人，往往名声更好，更容易被别人信任，社会成就也就更高。

一是因为肯下苦功夫的人往往有所图，格局更大，对于一时一地的辛苦并不放在心上，做事情精益求精，取得的成就自然远超于一般人；二是对旁人来讲，肯下苦功夫的人显然比那些满脸跑眉毛、心机深似海的人更值得信任。容易被别人信任的人，往往能在自己身边聚集相当量级的社会资源，自然更容易成功。

柳传志就是这样的一个人。他参加任何一场活动都提前半小时到场，用 20 分钟准备，剩 10 分钟提前进场，熟悉会场环境和参会嘉宾，既保证不出错，又保证能奉献一场精彩的演讲。

这种数十年如一日的苦功夫不是一般人能下得了的，但是其效果也是显而易见的。

曾经有一位浙商请柳传志到温州讲课，飞机飞到上海时温州突降暴雨，无奈飞机只得降落在上海。

所有人都劝柳传志搭第二天的飞机再去，但是柳传志偏不，他硬是叫了一辆公务车，连夜冒着暴雨赶到了温州。

第二天当那位浙商看到满面倦容的柳传志时，感动之情可想而知。

肯下苦功夫，肯使笨劲的人往往都有一颗赤诚之心。在这种赤诚之下，自然可以吸引很多资源来为他服务。

-03-

专注：高手挖的护城河

大家听"专注"肯定耳朵都听出茧子来了，但是为什么需要专注，还是有很多人不甚明了。

举个例子大家就明白了。多线程工作让你焦虑、效率低；而聚焦于一项工作，则能够大大提升你的效率，也能够让你更踏实。

专注也是笨功夫的一种，但好处不言而喻。

民国初年，外国记者莫理循就见识了这样一场"不专注"的战斗。

当时段祺瑞组织讨逆军围攻张勋，近千名士兵围攻张勋公馆。整整一个上午枪炮齐鸣，使用的子弹超过百万发。

可当战斗结束时，莫理循惊奇地发现，张勋公馆的墙上竟然连一个枪眼都没有。当时有个美国作家甘露德不无嘲讽地建议中国军队重新使用冷兵器，那样既节省资源，又能够提升杀伤力。

越是聪明的人，他面临的机会就越多，相应地，面临的诱惑也越多，他的专注就面临着更多的挑战。

但是，真正区分牛人和普通人的关键是能不能抛却一切诱惑，把自己的精力全部用在自己的梦想上去。

很多聪明人反倒成就不大，就是因为在专注这个门槛上摔了跤。

这就是为什么世界上市值最高的苹果公司每年只推出几款机型，但是性能远超友商，还拿走了世界手机市场超过90%的利润。

职场作家古典说"三流高手靠努力，二流高手靠技艺，一流高手靠专注"，就是这个意思。

-04-

成长就是迭代：路都是一步一步走的

著名财经作家吴晓波老师曾经给腾讯写了一本《腾讯传》，里面总结了腾讯成功的一个很重要的秘诀就是"快速迭代，小步快跑"。

后来马化腾又发给了合作伙伴一封公开信，重提这个理念：也许每一次产品的更新都不是完美的，但是如果坚持每天发现、修正一两个小问题，不到一年基本就能把作品打磨出来，自己也就有产品意识了。

好多人都有学生思维，就是要先准备好了，才能下场，那时候机会已经被别人抢光了。

但是像马化腾这样的大佬就不是这样，他们往往是先下场去做，然后慢慢打磨自己，最终做到最好。

这个过程说起来简单，但一点一滴地去修复缺陷，必然是个苦功夫。

但先下场更是一种巧功夫，因为当你的对手自认为准备好了再跟你下场搏斗的时候，你已经比他更了解市场，拥有更完善的产品了，市场的风口也可能已经有所变化了。

这就是为什么有人会说"先搞起来，你就打败了50%的竞争对手"。

所以，越是想要成就一番事业的人，就越要下笨功夫，越要收起小聪明，越要收起自己的担心，用尽全力去拼自己的梦想，没有这种勇气的人，怕是成不了大事。

这不是说机会不重要，也不是说聪明才智不重要，而是说在当下的社会里，有机会的人不少，有聪明头脑的人也不少，但是兼具了上面两样，还能够踏实肯干，下笨功夫的人却不多，而这种人才是容易胜出的。

所以，可怕的不是这个世界上有人比你聪明，有人资源和机会比你多，而是那些既比你聪明，资源机会又比你还要多的人，还在偷偷下着笨功夫。

年轻人，没事儿别老躺着

毁掉一个人很简单。只要让他适应了庸俗、无聊的生活，他就会习惯懒散和退缩，未来一眼就能望到头。

《老情书》书里有一段话，简直妙到不行：

"我就特别看不起你们这帮年轻人，二三十岁就说平平淡淡才是真。你们配吗？我上山下乡，知青当过，饥荒挨过，这你们没办法经历。你以为凭空得来的心静自然凉？

我的平平淡淡是苦出来的，你们的平平淡淡是懒惰，是害怕，是贪图安逸，是一条不敢见世面的土狗。"

其实我们很多人就像一条躺在笼子里却不自知的土狗，20多岁就过上了70多岁的生活，自以为乐天知命，可是这样的人生好在哪里不知道，乐在哪里也不知道。说白了，"这也很好"只不过是给懒惰找的一个借口。

-01-

等到 30 岁再为 12 块钱发愁就晚了

有个读者质问我："我就愿意做一条慵懒平淡的土狗怎么了，你管得着吗？"

其实慵懒平淡好不好只有你自己知道，成年人的世界里谁会多为你费一点唾沫星呢？

但是我相信，如果有一天你让生活卡住了脖子，你会发现如果当初多赚点钱，多学点本事，后来的生活就会如意很多。

去年我有一段生不如死的日子，其实主要还是缺钱。

那一段时间我工资超低，还要在北京租房子、置办各种日用品，最穷的那一个月，还完信用卡，再除去单位食堂饭卡里的钱，兜里就还剩 52 块。

最要命的是，那段时间我走到了抑郁的边缘，而且得了很严重的湿疹。我去空军总医院看病，尽管医生只是开了一些很简单的药，可是去交费的时候，我还是差 12 块。

当我把微信、支付宝里的几块钱全都加起来也还是不够的时候，我觉得什么天之骄子、什么光明未来都是不属于我的，脑子里只有一句话："为什么会这样？"

后来我好不容易记起来"脉脉"上有读者打赏了16块钱，全提出来，才凑够了药费。

是不是听起来很不真实？但当时偏偏就残酷得让我无路可退。那一天我才真正体验到了什么叫一分钱难倒英雄汉。我从那一刻下定决心，以后一定要拼命赚钱。

那个时候什么平淡是福，什么你若安好，统统被我丢到了一边，我最多的时候同时开着四个专栏，运营两个公众号，还做着本职工作。整整一年，我每天睡眠时间平均只有四小时，但是第二天闹铃一响就激情满满地起来码字。

我直到今天还记得收到第一笔广告费的时候，尽管只有几百块，但是我开心得像一个白痴，因为我知道我的未来一定不会继续低迷下去了。

那一年，我的月收入涨了将近20倍，虽然在北京还是买不起房，但我知道，我再也不会像当年那样，为了12块钱手足无措了。我很庆幸自己在20多岁的时候早早认清了生活的真实面目，不再是一个盲目的乐天派，更加庆幸我受过的教育和自我驱动力让我小小地翻了下身。

如果等我到了30岁，我真的不知道自己还有没有离开这种安逸生活的能力。因为我怕那时候自己已经被时间和环境同化了，越来越没有干劲，越来越跟不上时代；因为有了家庭，不再敢拼、敢闯。

-02-

别做躺在笼子里的宠物

很多人选择现在的工作和生活，并不是因为这样做前程
远大，更不是因为发自内心的喜欢，而是因为这样做最简单、
最省力，他们懒得去做更难的选择，还要骗自己平淡是福。

这样的生活，跟笼子里的宠物有什么区别？目之所见只
有巴掌大小，生活里只剩随波逐流，还要不断安慰自己："好
歹有口饭吃，偶尔还带点肉丝儿呢。"

今年回家听到 K 的故事。他从小就是学校里超一流的数
学种子选手，在各种数学大赛上屡屡夺金。在我们的眼里，
他从来都是那种走路带风的人。我们也都相信未来他一定会
在数学领域有所成就。

但是出乎所有人的意料，报志愿的时候 K 觉得数学专业
不好就业，硬是选了自己不感兴趣但是就业不错的对外经贸
专业。

可惜 K 生不逢时，他毕业的那几年外贸遇冷，在职场上
打拼了两三年，生活却很不如意。这时候他又想跟其他人一
样去读研究生，这次他选择了较好就业的金融专业，可惜因

几分之差没考上。

在职场上和考场上"打拼"了三四年之后，K 觉得事业单位也不错，收入稳定且工作轻松，就花两年考上了家乡的事业编制。

毕业 10 年后，当年那些曾经成绩尚不如他的同学，要么已经深造回国，在大学执教，成了系里最年轻的教授；要么是坚持在本领域深耕，在圈子里小有名气。

可是 K 两年之后发现，事业编制的工作也不像他曾经想象的那么惬意，工资低不说，事儿又多，成长也很慢。他拿着父母给的 20 万结婚生子之后，发现人生目标早已不见了。

有很多的道路最初看起来好走，但是未来往往因为走的人多，竞争和压力反倒更大。可是有很多少有人走的路，最初看起来艰难无比，但是未来竞争少、压力小，会让人越走越顺畅。

-03-

一躺下雄心壮志就没了

其实不管任何人，一旦走上了放纵自己的道路，想回头就很难了。因为放纵实在是太爽、太容易了。

国庆回家的我感受很深，本来想的是每天都要更文，还要写三篇专栏文章。可是当我躺在床上的时候，虽然想着只躺五分钟我就起来工作，可结果却是要么我再也不愿起来干活了，要么就直接睡过去了，于是活儿越积越多。

人对逃跑是会上瘾的，因为放弃工作和学习去看电影、刷朋友圈实在太有诱惑力了。放弃本身能够掩盖很多困难，但是当你醒来的时候，问题却还是摆在那里一动不动。

作家狄骧就曾经讲过这样一个故事：

他在餐厅碰到了两个年轻人，年轻人 A 说每天事情多到做不完，年轻人 B 就问："那你怎么不把工作带回家做？"

年轻人 A 说："我不想把工作带回家，很多职场专家都说工作与生活要分开，适度的休息很重要，我觉得专家说得很有道理，所以我回家吃完饭、洗完澡之后，什么都不想，就待在房间玩电脑，上网看电影到晚上 12 点睡觉。"

年轻人 B 也跟着附和："没错没错，我最喜欢坐在沙发上看电视放空，再不然就是打开电脑上网。不过很奇怪，明明什么也没做，随便混一下就不知不觉快凌晨了，每天都发誓要早睡，结果最后还是搞到三更半夜。"

其实，很多人的下班生活几乎都是千篇一律。我们下班之后宁愿躺在床上刷微博、看综艺、玩游戏，也不愿意去规划人生、去学习、去工作，明明正当年富力强，却成了不能思考和拼搏的僵尸。

这样下去，人就渐渐变成一只无头苍蝇，觉得自己非常辛苦，但只是日复一日地浪费时间，最后一无所成。

-04-

30 岁后你会站在哪里，取决于二十几岁的你做了什么努力

之前，我搭滴滴顺风车，司机师傅一直在跟我抱怨社会上升渠道在收缩，普通人弯道超车的机会越来越少了。

我告诉他，其实人生就跟规划出行是一模一样的。当你做出决策之后就不能反悔了，你坐的车会把你带到什么地方，

路上会遇到什么样的人，什么时候会堵车，会不会遇到车祸，会有太多太多的因素影响着你能走到哪里。

真正决定你能不能到达目的地的，是你在此之前做出的一个又一个的努力。

比如出行时，有的人精心规划路线，仔细查阅实时地图，选择最快且不堵车的方式出行，努力地在车上读书、工作，十年八年过去，进步神速，早早地到达了自己的目的地。

可是有些人就不一样，他们只是漫无目的地出发，别人上车他上车，别人下车他下车，上了车就发呆、睡觉。同样是十年八年过去，他们没有丝毫进步，还在为"我从哪里来、到哪里去"这样的基本问题而烦恼。但是当大幕落下的时候，后悔就来不及了。

当你再回首前尘，想起时间和人生不能重复的时候，希望你能想起我最初跟你说的那句话："年轻人，没事儿就别老躺着了。"

你不自律，不是因为意志力不强

16 岁到 19 岁这三年，无疑是特拉维斯人生中最黑暗的一段时光，先是因为被霸凌而从高中辍学，又因为不能控制情绪同顾客吵架，还总是迟到，而被麦当劳辞退，且父母因为吸毒在两周内双双去世。

特拉维斯把许多挫折都归结为自己缺乏意志力，他总是对着镜子呵斥自己，要求自己更加努力，每天早起，对别人多加忍让。可这些自律的尝试无一例外都失败了……是不是跟你因为减肥时吃了一个冰激凌而自我悔恨时很像？

但 6 年后，25 岁的特拉维斯已经管理着 40 名员工，是两家年收入超 200 万美元的星巴克门店经理了，而且他精明能干，再也不是那个因为顾客的训斥而向人家车里扔鸡块的孩子了。

是什么改变了他的人生？

特拉维斯说，是星巴克教会了他自律，从而学会了如何上班，如何应对挑战，如何专注，如何早起而不迟到，如何管理情绪。这一切，重塑了他的一生。

一个咖啡店为什么会教员工自律？因为星巴克发现，教会员工自律能够提高员工素质，同时提高服务质量。为了提升员工的服务态度与工作效率，早在创业初期，星巴克就支付了数百万美元，用于开发员工的自律培训课程。

星巴克自律课程的魔力在哪儿？

-01-

饼干与胡萝卜实验

斯坦福大学著名的棉花糖实验已经告诉了我们自律的重要性：那些能抵御棉花糖诱惑的孩子，长大以后成绩更好，情商、应变能力、抗压能力都更强。

自律的核心基础是意志力吗？意志力薄弱的人能自律吗？

凯斯西储大学的马克·姆拉文博士表示质疑，意志力并不会总能起到作用，比如有的时候他喜欢长跑，有的时候却喜欢赖在沙发上吃糖。这说明意志力并不是恒定的，也并不一定是形成自律习惯的核心因素。

随即姆拉文设计了著名的饼干与胡萝卜实验。姆拉文召集了 67 名饿了一顿的大学生，在他们面前分别摆好一碗香喷喷的巧克力饼干和一碗胡萝卜。研究人员要求一半学生可以吃饼干，另一半学生只能吃胡萝卜。

吃饼干的学生如沐春风，而只能吃胡萝卜的学生则一脸苦相，充分地动用了意志力抵御了饼干的诱惑。

等学生们淡化了对食物和饥饿的记忆之后，研究人员告诉被试者要参加一个游戏：一笔画出一个几何图形，且同样路径不能重复。研究人员暗示大家解开这个谜题不用花费太久（实际上根本无解），并告诉大家如果想退出，只需要摇铃示意即可。

谜题同样需要被试者调动大量的意志力，特别是当他们一次次失败的时候。研究人员希望能够借此发现那些已经消耗了大量意志力的学生是否会更快地退出，以及意志力是否为有限的资源，单靠意志力能不能真正实现自律。

结果，吃饼干的学生整体表现比较轻松，平均在谜题上花费了 19 分钟；而那些意志力趋向枯竭、只吃胡萝卜的学生则普遍表现焦躁，甚至对研究人员叫嚣，平均在谜题上只花费了 8 分钟。

由此研究人员得出结论：意志力是一种有限的资源，如果之前已经消耗了意志力，那么之后就很难动用意志力来自律。所以，姆拉文建议，如果你想要动用意志力做一些事情，比如克制饮食、夜跑等，那白天就应该减少使用意志力，做一些不太乏味的工作。

-02-

拿铁法则

　　星巴克比姆拉文更进一步，提出了应对意志力枯竭的方法，那就是让自律成为习惯，从而摆脱自律对意志力的依赖。

　　星巴克向来认为自己卖的不是咖啡，而是服务。星巴克前总裁霍华德·比哈尔说："如果服务体验跟不上，那我们就完了。"因此星巴克立志要培养员工的自律能力，例如按时上班，即便顾客无理取闹，也要微笑服务，等等。

　　根据姆拉文的研究成果，以及星巴克的日常观察，星巴克发现培养一个人的自律，靠的并不仅仅是意志力，更多的是在关键节点使用既定计划，养成自律的习惯。这个方法被他们称为"拿铁法则"。

　　特拉维斯刚进入星巴克时，他的领班就向他介绍了"拿铁法则"。

如果一位顾客突然向你发火，你会有什么感觉？特拉维斯答道："我可能会有点害怕或者生气。"领班说这很正常，面对这种可能出现的场景，你只需要提前制订一个计划，例如：顾客发火—安静地听完他的话—接受抱怨—用行动来解决问题—向他们致谢—耐心解释。你在具体节点只需要执行计划，然后让这个计划成为你的习惯即可。

类似地，你也可以在其他问题上养成这种自律的习惯，只需要根据日常观察提前制订计划，并在关键节点上执行即可，养成习惯就是自律。

为什么星巴克会提出"拿铁法则"？

因为星巴克观察发现，人们真正放弃自律都需要一个关键节点，在这个节点上如果有限的意志力已经接近枯竭，那么人就很容易放弃自律。

例如在节食减肥的你，夜深人静时，只要脑海里冒出享受美食的念头，就很容易放弃节食计划；平常服务良好的员工，遇上刁钻的顾客时，很可能情绪失常；身体疼痛的病患能够坚持锻炼，可是身体不疼的那一段时间，往往会忽略锻炼的意义。

而这个时候，你就需要配套的应急预案，帮你渡过难关。

-03-
====

如何让自律成为习惯？

1. 对自己温柔一些，太严厉于事无补

后来已经成为教授的姆拉文重新设计了"饼干与胡萝卜"实验。研究人员对一半学生和蔼地劝告："不要吃饼干，可以吗？"对另一半学生严厉警告："不许动那盘饼干。"

结果证明，受到温柔对待的学生感觉对这一实验更有掌控力，在随后的自律测试中表现更好；受到严厉对待的学生，既没有感受到掌控力，又要用意志力跟诱惑做斗争，在随后的自律测试中表现很差。

星巴克也致力于给员工更多的自主权，例如店长会跟员工讨论咖啡机该如何摆放，允许员工决定欢迎客人的方式等。结果显示，许多星巴克员工变得更加积极主动，生产和服务效率大幅提升，表现出了更多的自律性。

所以，你要对自己温柔一些，要意识到自己偶尔不自律也不是什么大事，毕竟每天坚持谁都做不到，365 天里有 10 天放纵也没什么大不了。对自己过度严苛会让你严重焦虑，让你失去掌控感，挫败你的自信，让你无法完成自律的目标，

例如减肥、锻炼。自律中断了，大不了再来过。

2.仔细观察，制定自律预案

你可以在仔细观察自己的日常生活的基础上，归纳有哪些节点会让自己放弃自律，然后制定相应的预案并加以执行。

例如对于做事纠结的人，在做决定时可以告诫自己：归纳有几种选择—想象每种选择的结果—描述每种结果会给自己带来的影响—做出决定。

对于想要培养阅读习惯的人来说，可以这样养成自律习惯：每天都在自己的包里装上一本书—想想自己每天在何种节点可以阅读—坚持一段时间即可给自己一份奖励。

计划是一件好事，但是不需要计划得太细，开始执行就已经成功了一半。

3.寻找志同道合的伙伴

一个人的力量总是薄弱的，寻找志同道合的伙伴激励自己、督促自己，就会有很好的效果。

千万不要低估社交的力量，你周围的人会帮助、督促你坚持下去完成梦想。你需要做的，就是找到那个对的人。

4. 对于想要养成的习惯和制订的计划要反复练习

没有任何一种习惯的养成是一蹴而就的，都需要大量的练习才能培养。

有好多人热衷于各种自律养成方法，有的人记日记，有的人画表格，有的人使用各种"番茄钟"。但是我想说的是，这些方法本身并不是最关键的，你要对使用这些方法这件事情有所坚持、规划。

你要认识到，使用这些方法本身就是一种坚持。

自律，会重塑你的人生。至少，对特拉维斯是如此，他现在每天都会早早起床，认真地洗澡、吃早餐，规划好一天的工作内容再去上班，他后来再也没迟到过。当然，他的人生也被永久地改变了。

这样具有掌控力的人生你也值得拥有。

最后送给大家佛经里的一句话："日精进为德"。

不自律正在慢慢毁掉你

我 26 岁研究生毕业的时候，跟别的年轻人一样，列了一大堆人生目标：每周读一本书、看两部电影，每年学一个新技能，想象这些目标能让我成为一个超级优秀的人。

但很多目标都因为不自律失败了，不仅没让我成为超级优秀的人，还让我有了深深的挫败感，陷入了"旗帜不断立起来，又不断倒下去"的死循环。

后来我发现，就像《少有人走的路》里说的，自律是解决人生问题最主要的工具，也是消除人生痛苦最重要的方法。

-01-

世界属于敢对自己下狠手的人

自律的人，就像一支千里奔袭的奇兵。他们所有的努力都专注在目标上，不让自己受到任何无关事件的干扰。

如果一个人的精力都被要不要早点起床、要不要少摄入热量、要不要开始学习、怎么才能不迟到这种事牵扯，那还能期待他有什么大成就呢？

柳传志在科技圈泰山北斗的地位，很大一部分来源于自律。他每次参加重要活动，都至少提前半小时到达会场。不是为了应酬，而是要在会场外的车上做最后的准备。

柳传志的自律数十年如一日，他比谁都聪明，他明白这种自律能让所有人都知道：我，靠谱！

这个世界终归不属于那些"我就放纵一小下"的人，只属于那些敢对自己下狠手、"动刀子"的人。

现在对自己狠一点儿，跑得快一点儿，未来你就会站得高一点儿，生活好一点儿。

-02-

不自律是在出售未来

有位知名企业家曾经说过一句话："一个人看待世界的

眼光，决定了他是不是会成功或者快乐。绝大多数人是因为看见而相信，只有很少一部分人，是因为相信而看见。"

"及时享乐"的人，大多是那种只有看见才会相信的人。不相信预期收益的他们，永远都在透支未来。

在 2007 年哈佛大学的一项自律研究中，研究者把 19 只猩猩和 40 个人分为两组。每个实验参与者都能获得 2 份食物，他们可以选择马上吃掉食物，也可以选择等待 2 分钟，并得到 6 份食物作为奖励。

结果有 14 只猩猩得到了奖励，只有 8 个人最终得到了奖励。

猩猩的大脑只有人类的 1/3，却更加理性，表现出了明显的行为偏好（6 份食物比 2 份食物好），然后坚定地执行目标，付出很少（2 分钟等待）就让收益变了 3 倍。

而人类则非常不理性，挑战开始前，所有人都明确表示想要 6 份食物；但是在 2 分钟的等待过程中，超过 80% 的人放弃了这一目标，选择食用了 2 份食物。满足自己的欲望，把自律抛到了九霄云外。

研究者后来采访这些参与实验的人，他们认为自己要等那么久（实际只有 2 分钟），去争取一份不知道是不是真能得到的奖励，还不如及时行乐。

知名行为经济学家吉尔伯特认为，这是人类特有的问题：

会低估预期收益。

实验研究者认为：与猩猩相比，人类会思考一件事情未来的各种可能性，但是大脑又经不起诱惑。相对于未来吃 6 份食物，大脑更愿意让人选择眼前的 2 份食物，并不断释放多巴胺，引诱人立即做出非理性的决定。

为什么减肥的人常常抵制不住美食的诱惑？因为他们的大脑潜意识里根本不相信经过一定的忍耐之后能够瘦下来，而是更希望能够多吃美食来满足身体的欲望。

王石曾跟一帮企业家爬珠穆朗玛峰，该休息的时候，景色多美也不看；该补充能量的时候，食物再难吃也吃。

而其他人就不这样，看到景色好，就去看风景而不休息，食物不好吃就不吃。

结果好多同行的企业家没能爬上珠峰，而 50 岁的王石作为业余队员登上了珠峰，成为登山圈的传奇。

不能拒绝诱惑的人，往往是短视的人。因为在他们的内心深处，不相信自己真的能实现梦想，所以就任意放纵自己。但是别忘了，你怎么对待未来，未来就怎么对待你。

所以，请克制自己的欲望、懒惰和退缩，全力以赴去完成你的梦想吧，告诉自己"行动起来"。

-03-

别让逃跑成为一种习惯

自律不能一蹴而就，但是绝大多数人却把"循序渐进"当借口，一而再，再而三地放纵自己。

请永远不要低估大脑的记忆能力，因为它会让习惯成为本能。

科学家曾经研究过一位阿尔兹海默病患者的行为，这位病人什么都不记得了，妻子为了他的健康着想，每天都会带他按照固定路线散步。

有一天妻子没看住他，老爷子跑了出去，妻子发疯似的找他，可是找来找去却发现他自己回家了。

据邻居后来描述，老爷子的行动路线跟往常一模一样。神经专家由此发现，大脑完全可以通过训练把习惯变为一种本能。

人真的不能放纵自己，因为逃跑也会成为习惯。

我读本科时同宿舍的一个同学，他几乎把颓和丧变成了一种本能：每天起床就打游戏，吃饭叫外卖，从来不上课，考试靠突击。

等到临近大四，他想要找工作、准备考研、考公务员，可是每一样都三分钟热度。他突然发现，自己做什么都不能持久投入了。

放弃是人的本能，在容易和困难之间，我们往往不由自主地就会选择容易的那条路。就像《闻香识女人》里主人公弗兰克中校说的，"每当我站在十字路口时，我都知道最正确的选择是什么，但是我从来不去做。因为太苦了"。

一旦你放弃了困难的那条路，也就意味着你放弃了坚持，走入了一个"不断立志—逃跑—立志—逃跑"的死循环，成为人生痛苦的根源。

当逃跑成了你的习惯，再想跳出泥潭，千难万难。

在自律这条路上，不畏一丈难至，只怕寸步未移，找准方向走出去，比放弃强一万倍。

-04-

如何成为高度自律的人？

自律，其实是一个慢慢征服自我的过程，既需要有信念，也需要有方法。好的方法能够事半功倍，让你成为想成为的那个人。

1. 拿走糖罐子

有研究证明，如果把糖罐子从办公桌上收到抽屉里，就能减少被试者 1/3 的糖摄入量。

想要养成自律习惯的人可以尝试远离诱惑，比如减肥的人少买垃圾食品，爱打游戏的人把游戏卸载。久而久之，你就会见到效果。

2. 恐惧管理

不要因为自律失败一次就妄自菲薄，把目标想得千难万难。有些减肥的人吃了一块饼干，就无比自责，其实就是把饼干想得非常难以抗拒，最终形成了对饼干的恐惧。

养成自律的习惯，首先要跟自己和解，不要为自己制造恐惧。

3. 等待 10 分钟

想吃肉前，先等待 10 分钟，抵制诱惑。

打破自律习惯的往往只是一股冲动。当我在某一瞬间特别不想写稿时，我往往会停下来思考几分钟，分析拖稿可能带来的后果，让自己从一个冲动的感性人变为一个理性人。

4. 价值承诺

为什么用好的纸笔练字更有效果？因为不舍得多用，你就会尽快练好。

锻炼的人可以试试买更好的装备，可以请私教，当放弃的成本过高时，放弃就会变得更加困难。

那些办了健身房年卡不去的人，一年损失只有 2000 元，而花 2 万元请私教的人如果放弃了，成本就直线上升了，这时候放弃的难度就非常大了。

5. 追求长远价值

确定自己的长远目标，想想自律能带来什么，不断提醒自己勇猛精进。

我有一个很胖的女性朋友，她把自己以前瘦的照片贴在桌子上，写上"要想人前臭美，就得人后受罪"，用一个可见的目标激励自己，最终她真的瘦了 40 斤。

6. 不断练习

给自己规划一些小的自律目标，比如一周不吃肉，提升大脑对诱惑的抵抗能力。

自律跟放纵同样是一种习惯，养成了任何一种习惯都很难摆脱。

你可以立下一个很小的目标，实现了以后给自己一个小小的奖励，不断反复，建立自律的习惯。

第四章

聚焦未来：决定胜负的长远价值

为什么大多数人的勤奋都很廉价？

如果说讲战略的勤奋是最高层次的勤奋，而讲方法论的勤奋是第二层次的勤奋的话，那么拼体力的勤奋就是最低层次的勤奋。绝大多数人付出的汗水和回报往往不成正比，就是因为他们的勤奋往往是廉价的。

最近丙哥约我吃饭，要跟我聊聊他最新的创业点子。

刚收到丙哥微信的时候，我就隐约有种不祥的预感，因为我已经大致猜到丙哥想要干什么了。

果然，我屁股还没坐到凳子上，丙哥就兴致勃勃地告诉我："我准备辞职了，然后拿一半身家开个饭馆！"

丙哥讲了他的创业想法。他认为小饭馆成本低，如果能做得好，哪怕店面位置不太好，也不会缺客人，要是再卖点奶茶之类高利润的饮料，就一定能赚大钱。

他还给我举了北京西翠路口一位专卖猪蹄的网红老大爷的例子，"你看，如果我也能研究出一款爆品，那我也能跟这个老爷子一样，做多少猪蹄也不够卖，肯定能发财"。

如果是平常，我肯定不会驳了丙哥的面子，但是看到丙哥决定拿一半身家砸进去创业，我这个做兄弟的又知道开饭馆是个巨大的坑，那么硬着头皮也得泼一下冷水。"如果你对餐饮行业的认知只有这种程度，那餐馆必败无疑。"

辞职和拿一半身家创业的勇气固然可敬，但这种低层次的勤奋既缺乏专业的知识，也不了解专业的打法，对商业模式更是一无所知，最终崩盘是必然的结果。

-01-

勤奋不等于单纯拼体力

很多人的勤奋都是低层次的勤奋，他们的勤奋有个显著的特征：不动脑子，只甩膀子。

我见过的很多创业者都有这种特征，互联网方向的创业往往是做社交、电商、游戏；实体创业通常是开饭店、美甲店、服装店。

我不是说这些领域不好，而是这些创业者其实没怎么动脑子，对这些行业的认知也不深。他们之所以想杀到这个领域里来，纯粹是因为他们看到某些人做这个东西赚到了钱而已。

但关键问题是，别人赚钱的活儿不一定适合你，看着简单的行业反倒可能有很大的学问，比如开饭馆。

樊登老师在新榜大会上举了一个例子：有本书叫《反脆弱》，其中有篇文章告诉读者，如果要想致富，饭店这种业务千万不能碰。

因为饭店盈利的上限是可以看到的，一般的饭店一天也就中午和晚上两个流量高峰，加上饭店的接待能力是固定的，收入上限是很明显的；但是饭店盈利的下限却摸不到底，如果一家饭店不好吃或者不被客户接受，那么投多少钱就会赔多少钱，而且还是一开门就赔。

一个收入有上限，赔钱没下限的业务，你愿意干吗？

很多人对此一无所知，更不会考虑这些问题，他们只会觉得有的饭店很赚钱，我也能干，只要我努力，也能挣钱。

丙哥反驳我说："老师傅卖猪蹄都能火，那我也研究一款爆品不就行了？"

我说："那位老师傅叫徐文堂，他的老师叫黄绍清，是中国烹饪界的泰山北斗，徐文堂的两个师兄范俊康和罗荣国都是知名的国宴级别大厨，很受毛主席和周总理喜欢。徐老爷子得了老师和师兄真传，还学到了酱肉名店天福楼的手艺，如果你能跟他一样，早就有公司愿意赞助你开饭店了，还用你那一半身家？"

那些做事之前不动脑子的人，往往会被行业的隐性门槛挡在门外。他们既不研究规律，也不思考方法，更不知道人生战略，只是一味埋头苦干。劳力者治于人，说的就是这种人，虽然这种勤奋流了很多汗水，但这些汗水大多是廉价的。

-*02*-
===

不要为了努力而努力

现在越来越多的人开始讲究方法论了，总体来说是件好事。

你会发现讲方法论的人落地能力特别强，整体工作效率也很高，把工作交到他们手上，你可以感到很放心。这些人更愿意思考自己的不足之处，想方设法向别人学习，并因此获得成长。

就像古典老师说的，"你一定要相信，你今天遇到的问题，早就有人经历过，并且找到了更好的解决方式。你所要做的，只是学习"。

但是也有很多人中了方法论的毒，贪多而且吃不透。

我带过一个实习生小夏，他懂的方法论非常多，但是他的工作能力却让我不敢恭维。

每次拿到任务，他都会画一个条理清晰的思维导图和执行路线图；工作的时候，他会设置很多用于时间管理的"番茄钟"；每次组内汇报总结的时候，各种成长领域大牛的各种理论和方法他都能说得上来，熟练程度让我瞠目结舌。

本来像我这种不会画图，精力也不集中的大叔，对小夏还是很欣赏的，可是后来我发现，每次交给小夏的工作，他都不能按时完成。

别人花 4 小时写完的文章，他要花 6 个小时，因为手绘思维导图还要 2 小时；别人需要 20 分钟就能沟通清楚的事情，他要 1 个小时，因为他还要花 40 分钟把自己想说的东西画成一个金字塔来讲述。

如果说这些资料是要展示给领导和同事的，那我举双手赞成，可是就连写一篇很简单的微博文案，小夏也要先画思维导图，这样就有点用力过猛、浪费时间了。

我劝过他几次，可他都觉得这是当下最流行的工作方式，还举例说有很多方法论，"大牛"都是这么做的。这类人就像《天龙八部》里的王语嫣，天下没有她不知道的武功，当个解说员再好不过，但是千万不能下场开练。他们虽然聚焦方法论，却缺乏对自我的战略规划，不知道真正能够决定人生的问题是什么。

要想解决这个问题，还要更高水平的勤奋。

-03-

最高层次的勤奋是战略勤奋

高层次的战略并不是大而空的，它应该是一个包含了长期愿景、中期目标和短期发展路径的综合方案，能让人始终保持正确的方向。

愿意花时间规划战略的人往往目标更明确，他们做的无用功更少，效率更高，在适合自己的位置上做出的成就要比一般人大得多。

但现在常见的情况是：经验不足的年轻人愿意谈战略，但实际上对战略一无所知，既提不出真正有效的战略方案，也不会规划战略；有一定经验的职场人不愿意谈战略，因为既定的思维框架太多，而且产生了惰性，很少有时间思考战略。

年轻人如果谈战略，要充分了解自身的资源、条件，以

及外部环境，比如企业战略、岗位对自己的要求，要把战略
建立在充分认知上。

有一个刚从北大毕业的高才生到华为工作不久，就给任
正非写了一篇万言书阐述公司战略。任正非回复说："此人
如果有精神病，建议送医院治疗；如果没病，建议辞退。"

这些年轻人很多是对雷军那句"不要用战术的勤奋掩盖
战略的懒惰"进行了过度解读，雷军说这句话是经历了在金
山16年天天加班到凌晨，却发现金山上市后市值还不到7亿
有感而发的。后来雷军痛定思痛，带领小米在短短几年跻身
中国一线智能机制造商之列，直至上市估值千亿美元。

所以欠缺经验的年轻人思考战略不要大而无当，更不要
白口空谈，还是要静下心来，多学多看。

而有一定经验的老员工们在每日处理琐碎、繁杂的日常
工作的同时，不要回避"战略"这个词。

做好手上的活儿当然非常重要，但是之后呢？

不同阶段的人应该怎么规划战略呢？我可以举个简单的
例子：刚入行的年轻人，最应该关注岗位需要你做什么；入
行5到10年的部门负责人，最应该关注公司需要你做什么，
比如做出更好的产品、提升用户体验，协调不同部门的资源等；
公司负责人，更应该关注市场需要你做什么，比如为公司选
择赛道、构建高效的商业模式以及人才队伍等。

当然这只是一个例子，生活中需要思考战略的地方远远不止工作这一个部分。

-04-

怎么做到战略层次的勤奋？

真正的战略勤奋，并不是大而空地高谈阔论，而是要建立在充分认知现状的基础上，既要甩开膀子，又要策略勤奋，既要有长期的战略定力，又要有短期的高效执行力。

那么到底应该怎么做到战略勤奋呢？

1. 不断扩展认知边界，向更牛的人学习

战略层次上的勤奋，首先是认知上的勤奋。

你必须搞清楚现阶段最重要的问题是什么，你的机会和短板是什么，以及哪些是战略问题，哪些是战术层面的问题。但很多时候如果只靠你一个人，你也许会局限于现有的经验、知识和思维定式，很难看清楚问题全貌，也很容易掉进坑里，这个时候就要不断地跨领域学习，同时要向更牛的人取经。

1997 年，任正非带领的华为遇到了发展瓶颈，在战略层次一片迷茫。于是他亲赴美国，向把 IBM 带出泥潭的郭士纳请教。彼时任正非 53 岁，郭士纳 55 岁；华为的年销售额达 40 亿元人民币，拥有 6000 名员工，而 IBM 则是年销售额高达 600 多亿美元、拥有 27 万员工的庞然大物。

跟郭士纳的闭门交流结束后，任正非深受触动，回国就召开了全体动员大会，说："我们只学最好的，那就是 IBM。"

1998 年，任正非斥资上千万美元请 IBM 作为企业顾问，改造企业流程，发展新兴业务，砍掉没有前途的业务。虽然每年上亿元人民币的咨询费略显夸张，但是结果大家也看到了，短短 20 年内，华为的年销售额增长到 6000 亿元人民币。

不断扩展认知边界，向更优秀的高手学习，是战略勤奋的重要基础。

2. 时刻保持战略定力：最重要的事情只有一件

所谓的战略勤奋，就是抱定长远目标，所有的工作都为这个终极的战略目标而努力。时刻提醒自己：最重要的事情永远只有一件，任何与之无关的事情都必须放弃。

在战略上勤奋的人一定是焦虑的，因为他不知道自己坚持的这件事情是不是正确的,加上战略的行为往往是长期的。如果长期做一件前途未卜的事情，那么问题就来了：你到底能坚持多久？

这个时候就要通过上一条，尽可能地确定自己的这条赛道是正确的，然后聚焦，付出全部精力。

据说，罗辑思维CEO脱不花3岁的小女儿都能说出妈妈的工作，"妈妈要加班，妈妈要卖专栏"。聚焦到这种程度，加上罗振宇、脱不花超强的能力和勤奋，罗辑思维想不成功都难。

当然他们并不是没走过弯路，有一段时间他们什么都卖，月饼、柳桃、会员，而且卖得都不错，但后来他们毅然决然地全砍了。他们还原价卖掉了很多投资项目，因为靠非核心能力赚钱，会损害企业的核心能力。

找到你最擅长的那件事情，反复将它做到最好，时刻保持定力，你离成功就很近了。

3. 不要顽固地捍卫过去，别用已知判断未知

战略层面的勤奋，需要你结合时代发展的潮流做深入思考,不要用成见来束缚自己,本能性地追逐或者拒绝新生事物。

IBM的CEO罗睿兰有一句话说得很好："不要尝试捍卫过去。"我总结了很多经验，发现这句话太对了。我曾经

就因为一直被过去的经验和知识死死地束缚着，而做了很多错误的判断。

2004 年，有人向我介绍阿里刚推出的支付宝，我嗤之以鼻道："这项业务肯定发展不起来，用户怎么会放心把自己的钱交到你的手上呢？"

2011 年微信推出来的时候，我觉得微信不会成功，毕竟已经有 QQ 了，用户不需要一个替代性的产品了。

2013 年，我当时的老板大开脑洞，说要用比特币给我们发工资。当时一个比特币也就几百块，我们一个月能拿 10 个比特币。我们无情地拒绝了老板，觉得老板把我们当傻子，现在一个比特币已经 6 万多元了，我们觉得自己确实是傻子。

绝大多数人可能也跟我一样，要么对潮流熟视无睹，要么认为潮流根本就是骗人的，但是普通人的想法常常被证明是错的。

所以，我现在的心态越来越开放，面对新事物，第一反应不是给它定性，更不是脑子一热就去跟潮流，而是放平心态，用积极的态度看它怎么发展，考虑怎么把新生事物融合到自己的战略发展当中来。

4. 既望大事又干小事

真正在战略上勤奋的人，就是那种抬头望大事，努力思考战略、学习策略，同时又能够静下心来，专心把小事做好的人。这也要求你在现阶段审视自身，分清什么是战略，什么是战术，什么是单纯的体力支出。千万不要让这三者错位，特别是战略和战术的错位。

比如很多人会把买房、买车、结婚生子认为是战略层面的目标，但实际上这只是你人生中的一个小节点，解决的也都是你人生中的几个小问题。毕竟有没有房子和车，有没有女朋友，远远到不了决定人生胜负的层面，而能够决定人生长远胜负的问题才算是战略问题。

人生不止短短两三年，真正聪明的人会聚焦长远价值，因为这才是决定人生胜负的核心。

你所谓的稳定，不过是在浪费生命

我为了离职，花了 20 万元。

我的上一份工作在体制内的一家行业报社。我在入职之前签了一份合同，其中规定要是通过单位拿到了北京户口，就必须干满 6 年，否则就要赔偿 20 万元。

很多朋友问我当时为什么开始做微信公众号，我的回答是："因为体制内的工资真的低到让你怀疑人生，不想穷，就要想办法赚点生活费。"但是几乎没人相信。

要知道我工作两年之后，每月到手的工资也不超过5000 元，相信大家都明白这份工资在北京的意义——在哪怕租一个次卧都要近 3000 元的北京，就算是节衣缩食，还是需要跟家里要生活费。

不过我离职还不仅仅是因为工资低，因为我靠写专栏在毕业后的两年内使我的收入增长了 50 倍，早就能养活自己了。促使我辞职的主要原因是，我发现未来的大势越来越不在传统媒体了。与其一边眷恋安逸，一边混吃等死，还不如跳槽到能够代表未来的行业中搏一把。

毕竟赚钱多少还是其次，更主要的是，在一个夕阳产业里很难实现人生价值。当我进入社会以后，特别是接触到各个领域的牛人之后，我逐渐认识到这个观点是对的。

畅销书作者尤瓦尔·赫拉利的《今日简史》给我最深的印象就是作者判断人类社会正处在历史转折点上，未来 10 年内，人类社会将有非常大的变革：一方面，技术在加速进步，人类改变世界的能力将越发强大，越来越多的旧行业将被颠覆；另一方面，传统的理念、规则正在失效，贸易保护、反全球化、虚无主义将日益盛行。

总结起来就是一句话：在未来，"稳定"可能会是你享受不到的奢侈品。这也就是我宁愿花光积蓄，也要从体制内跳出来的原因。

我更想说的是，在社会经历重大变革的前夜，大家一定要学会往前看 10 年的能力，还要思考未来 10 年应该储备什么样的弹药，才能走上上坡路，而不至于被时代绑住手脚，扔到身后。

-01-

小富靠勤，大富靠势

中信建投首席经济学家周金涛曾经说过一句在业内很知名的话："人生发财靠康波（康波：康德拉季耶夫周期理论，是关于经济周期性波动的理论）。"

这句话的意思是，每个人的财富积累在很大程度上都不是来自个人努力，而是来自经济形势给人的机会。

曾经有则很有意思的小故事：

有三位行业大佬坐电梯到大厦顶楼参加活动。在他们乘坐电梯的时候，一个在电梯里原地跑，一个在电梯里做俯卧撑，一个拿头撞墙。

他们都到了顶楼后，活动主持人问他们是怎么来到顶楼的。

第一个人说，我跑上来的；第二个人说，我做俯卧撑上来的；第三个人说，我用头撞墙上来的。

这时，旁边有人说，别吹牛了，你们是坐电梯上来的。

在这则小故事中，"电梯"指的就是国家经济大势，人们能赚钱都是因为国家经济蓬勃向上。个人努力可能有作用，但未必像他们想得那么重要。所以说，小富靠勤，大富靠势。

史蒂夫·乔布斯带领苹果公司开创了个人电脑时代。但是戴尔公司后来者居上，抓住了个人电脑市场的浪潮，甚至还在 1998 年宣称"已经看不到苹果存在的必要了"。那时乔布斯已经因为各种各样的原因而离开了苹果公司，苹果的市场占有率还不到 2%。

但是天有不测风云，PC 时代很快就让位给移动时代，乔布斯回归苹果之后也没有纠结于日薄西山的 PC 行业，而是瞅准机会推出了当时大家都看不懂的 iPod 和 iPhone。从此以后苹果便走了上坡路，而戴尔则走了下坡路。

2006 年时，苹果和戴尔在市值上都是 800 亿美元。那一天，乔布斯发了一封很简短的全员信："今天我们追平了戴尔，让我们继续努力。"

今天，走向私有化的戴尔市值也就 100 亿美元上下，而苹果已经超过了 8000 亿美元。

抓住时代大势的走上坡路，失掉时代大势的走下坡路，看起来很复杂，其实很简单。这大概就是《三国志·诸葛亮传》里最后一句话说的"盖天命有归，不可以智力争也"。

那要怎么才能判断并抓住时代大势呢？

-*02*-

关注前景好的行业

你要判断一个行业是不是有前景，最简单也最省力的方法，就是看优秀的人才和资本是长期流向这个行业还是逃离这个行业。

很多人对体制内工作的人有偏见，认为他们没有实力。我恰恰持相反观点，体制内卧虎藏龙，厉害的大有人在。这在很大程度上是由我们的体制现状决定的，促使以前很多优秀的人都流向了体制内。但是现在这样的情况已经有所改观了，我周围有很多人逐渐离开了这个舒适区。而且从去年开始，关于央媒离职潮的讨论也越来越热，不绝于耳。

就像《今日简史》里讲到的，"我们这个世界正处在一个历史的拐点，正经历着工业文明和信息文明转向智能时代的剧变，优秀人才、资本都正在从很多传统行业离开"。

大家可以梳理一下过去10年飞速发展的企业，必然也都是人才和资本实力迅速扩张的企业，比如BAT、华为、滴滴、小米、今日头条、美团，人才和资本在这些快速扩张的企业里也获得了令人满意的回报。

为什么说优秀的人才和资本的流向意味着大势呢？其实想想也很简单，所谓的大势，很大程度上不就是这些厉害的人和资本创造出来的吗？

-03-

培养自己"看10年"的能力

吴军老师在《见识》这本书里提到过，一个人能走多远，跟父母有很大关系。这里指的不是父母的财富和权势，而是指父母有没有看清未来的能力。

网上有一句特别残酷的话："如果你的父母没有在事业上成功过，不是土豪，或是处级以下干部，那你在做决定的时候千万不要听他们的，因为他们很可能是错的。"

原作者说，因为人所有的行为都是受认知操控的，如果你的父母一生都在社会底层，那么他们的行为和思考是很难靠自己突破圈层局限的。他们"看10年"的能力几乎是不存在的，如果你要听他们的话来规划人生，就"必死无疑"。

这句话从道德上我很难认同，但是从道理上我却很难不认同。

我是山东人，有很多家乡人找工作都倾向于找"铁饭碗"。

今年春节回家，我去一位伯伯家里吃饭，他想让我帮忙劝他儿子在本市的银行里找一份工作，或者考个公务员。

我这个弟弟毕业于某知名 985 高校的金融专业，原本想到北上广闯荡一番，但他的父母就是不同意，非要让他留在本市，进入体制内。

我并没有鼓励这个孩子进入体制内。因为我有很多在本市做公务员的同学，他们过得并不如意，看似工作非常稳定，但实际上，不但工资低、有大量重复性的工作，而且晋升的机会也很渺茫。

我们的长辈们仍然认为家里出个公务员能够光耀门楣，能够帮他们解决很多问题，但是现在的社会风气已经逐渐开始变了，未来很可能跟过去不一样了。

人生经历在前四五十年的父母辈，可能很难理解当下时代发生的很多事情，因为他们会自觉或不自觉地用他们那个年代的认知来看问题。可我们目前所处的这个时代正在发生剧变，靠 10 年前的认知来规划 10 年后的人生，真的行不通了。

那么，未来你应该如何培养自己"看 10 年"的能力，并不断升级自己呢？

-*04*-
====

看 10 年，势在哪儿？

我离职之后，很多体制内的朋友找到我，告诉我他们也想离开体制内，但是发现自己在这里工作了几年以后想法特别复杂：一方面是恐惧，害怕自己找不到新工作，又或者未来会失业；另一方面是不舍，虽然体制内薪水低，但是精神上轻松，出来以后怕适应不了快节奏、高压力的新工作。

但真的不是这样。

1. 输不丢人，怕才丢人

我一直觉得输不丢人，怕才丢人。

你之所以怕找不到新工作，又或者是未来可能会失业，归根结底还是因为你自己的腰板不够硬。

当然，在房价动辄几百万的一线城市中，单纯地鼓励你勇敢，着实有点儿残酷，但是也请你相信，只要你不断地投资自己，不断地勇猛精进，你的收入增长一定能够跑赢房价。

所以你要做的不是怕，而是要想办法快速成长，以及进入到一个良性发展的行业、公司里面去。

2.不同的精神食粮滋养不同的认知和思维：关注前沿知识、技术

有作者朋友说，不同的精神食粮滋养出来的认知和思维一定是不一样的。

我有一次在地铁上看到一个小伙子在读一份全英文的论文。我跟他闲聊了几句，他说他是程序员，经常阅读全英文的最新技术论文和国外博客，因为关注前沿技术和英语阅读，能够让他的思维始终保持在活跃的状态。

如果大家有条件，完全可以订阅一些前沿的资料，同时关注一些优质的内容源，像那个程序员一样，让自己的认知时刻保持活跃的状态。

3.迷茫的时候先努力赚钱

很多朋友在展望未来的时候，都会感到迷茫。

这也很正常，特别是刚刚步入社会的年轻人，根本不知道自己应该要什么，或者想要什么。我总是会建议朋友在没想到真正该要什么的时候，先想办法赚钱。

我以前有个同班同学是台湾一家大企业的老板。有一次一起喝酒的时候，他告诉我们：很多时候你想要什么东西，是要在你足够有钱之后才知道的，而且很多梦想也是需要花钱去实现的。

所以，当你年轻的时候没想到应该做什么，你是幸运的，因为你有足够的时间赚钱，以及想清楚自己要干什么。

我并不是贬低体制内，也不是鼓吹钱等于一切，我只是想说，如果你能够进入一个十分有前景的行业，那你实现人生价值的概率就会大很多。如果只是单纯地追求稳定，你就会像温水里的青蛙，待得越久，跳出来的概率也就越小。

我衷心地希望未来的你活在上升曲线上，而不是活在下降曲线上。

最后送给大家一句话：这个世界上有 3 种人，一种是创造历史的人，一种是亲历历史、看着它发生的人，一种是连发生了什么都不知道、任历史宰割的人。

你，是哪一种呢？

这 3 种情况下，你该毫不犹豫地离职

我认识许多身处不同岗位的朋友，有月薪三五千的普通工薪族，也有年薪百万的世界 500 强高管。

但无论是普通工作者，还是精英阶层，大家都有一个相似点，就是对自己现在的工作不太看得上，内心多少都有点儿辞职的冲动。

据我观察，对工作绝大多数的不满意其实是可以调和的，但若遇到以下 3 种情况，你就应该毫不犹豫地离职了。

-01-

个人发展与公司发展不匹配

个人发展与公司的发展不匹配分为两个方面：一是发展速度不匹配，二是发展规划不匹配。

这就好比自行车的前后轮，如果两个轮子行进的方向不一致，或者是两个轮子转动的速度不一致，那么这辆自行车跑得一定会很慢，骑车的人也会感到很累。这个时候你要么是大修自行车，要么是赶紧换一辆自行车。

发展速度不匹配的典型案例之一就是乔布斯与20世纪80年代中期的苹果公司。

1985年，乔布斯离开苹果的消息震撼了整个科技业界。虽然表面上的原因是乔布斯1984年主导推出的Macintosh电脑销量远低于预期，就算最后从7500美元一台降价到2000美元一台，销量也没达到预期的1/3，但这背后的原因其实是因为乔布斯的眼光以及产品策略，早已远远地超出了当时苹果公司的认知能力和发展水平，也超出了当时市场的接受能力。

尽管这款电脑是超出时代之作，后来微软等企业甚至苹果自己都屡屡复制Macintosh的种种闪光点，但是1985年乔布斯就是因为这款超凡绝伦的电脑而被赶出苹果公司，甚至当20年后《时代》周刊想要找当年Macintosh的发布会视频都找不到。

不是乔布斯不好，也不是苹果公司不好，只是"乔帮主"确实走在了所有人的前面，这一点是不能被世人所理解和接受的。

如果你有幸走到了时代或者公司的前面，那你早晚有一天会被看作英雄凯旋。但是如果你走到了公司发展的后面，那你就很可能会被看作公司发展的累赘，即便不离职，早晚也会被扫地出门。

其次，如果你的个人发展规划跟公司的发展规划不匹配，那也应该尽早离职。

据小道消息，当年马化腾决意开发微信的时候，最先找的并不是张小龙，而是找到了一手把移动 QQ 做起来的移动互联网事业部的 L 姓大佬。但 L 大佬既出于维护部门利益的需要，也出于规避个人职业风险的需要，不仅拒绝团队研发微信，还拒绝从手机 QQ 导流资源。

最后"小马哥"选择了 5 支队伍同时开发，当时在腾讯郁郁不得志的张小龙最终开发出了微信，替腾讯拿到了移动互联网时代的贵宾门票。

而 L 大佬的移动互联网事业群被拆分，只剩下 QQ 浏览器等不是特别重要的产品，他本人也黯然离职，后来在西湖边专心开自己的酒庄、茶庄去了。

当个人职业生涯规划与企业发展规划不匹配的时候，就像是两匹马在往不同的方向拉一辆车，差异越大，马的负担就越重，车子跑得就越慢。

而且很可惜的是，现实情况往往是个人发展速度低于企业需要，或者企业明确了发展方向，而员工甚至还不清楚自己要什么。

-02-

你不再愿意把自己的产品推荐给别人

英国广告大师大卫·奥格威曾经说过："绝对不要制作不愿意让自己的太太、儿子看的广告。"

我是做微博运营出身的，在带新人做选题的时候，我总是会问他们一个问题："你自己是不是认可这条内容？这条内容对你是不是有启迪呢？"

如果对方说没有，那对不起，这个选题就要毙掉。读者不是傻子，连你自己都打动不了的内容，你还妄想去打动别人？

同理，如果说你做的产品连你自己公司的人都不愿意用，你觉得会有多少用户愿意追随你们？这样的企业是注定没有前途的。

如果你们公司的产品已经不再值得你向别人推荐了，你应当迅速离职，不要再互相耽误了。

-03-

公司落后于时代

小米科技创始人雷军有一句名言："站在风口上，猪都会飞。"

顺流而下的人总是走得快一点儿，但是绝大多数人根本无法判断风往哪里吹，考虑工作的时候只会考虑薪资待遇、年假，以及是否稳定等问题。

但俗话说得好，人无远虑，必有近忧。如果一个行业即将没落，那么不管这家企业如何稳定、待遇有多好，你都应该及早离开。

那该如何判断行业风向呢？

我常常在地铁 10 号线上看到一位大叔卖报纸，他每走七八步就会给地铁上的乘客下一次跪，嘴里还念叨着："大哥大姐，帮帮忙吧。"

但他往往要把整个车厢全跪下来一遍，才会卖出一份报纸。有一次我遇到了这位大叔，便买了一份报纸，翻来翻去，却发现上面的内容和观点我前一天就在微博、微信公众号里看过了，完全没有任何新颖的地方。

也就是说，当一个行业内的拳头产品都忙于应对滞销、连推销人员磕头下跪都没办法卖出去的时候，这个行业就处于下坡路了。

说白了，当这个行业在衰落的时候，你化鱼成龙的机会微乎其微，还不如趁自己还有"离开的能力"，尽早离开。

-04-

关于离职的 3 个建议

1. 要时刻保持离开的能力

2015 年有一条消息到现在看来都让人很吃惊，曾在农业部、国家科委、科技部等部门任职多年，后担任山东济宁市市长的梅永红辞去公职，到华大基因任职 CEO。

一位时年 50 岁的正厅级干部竟辞去这么有吸引力的公职，到一家企业任职，这在当时引起了轩然大波。

当时华大基因董事长汪建的一席话也让我深受启发，他说："梅永红时刻保持可以离开的工作状态，公务员也好，产业发展也好，科学研究也好，都是人生的一种选择和一种职业。"

可是绝大多数人却做不到这一点，往往因为进入了一个相对稳定的环境，就消磨了志气，忽略了学习，放松了对自己的要求，等到真的需要离开的时候，却发现自己只会做这一件事，而且也没有胆量离开了。

所以，永远不要懈怠，别做一把被生活磨钝的刀。

2. 不要情绪性离职

好多人认为面子是一件天大的事儿，但是，成年人的世界里需要互相妥协，哪有那么多人包容你的小脾气？

若你被老板责骂、与同事拌嘴，一定不要一耍性子就离职。这样既不专业，也显得你格局不大。

3. 不要光相信身边最亲近的人

大家都有经验，如果你要买房，不管你咨询了多少个行业人士、专家，你最后相信的往往是自己的父母、朋友，尽管他们对行业的认知水平往往不及专家。

这是由人的认知惰性决定的，你会在潜意识里相信那个你亲近的人。一方面你认为他们不会骗你，另一方面你一直以来都听他们的话，习惯成自然。

所以，在离职这件事上，我建议你去听一听专业人士或者是你朋友圈里最有智慧的人的建议，而不是只听自己身边人的说法。

想要进入社会上升通道，你可能需要这 8 种态度

中国知名的民营企业家兰世立曾经说过一句有点儿招人恨的话，大意是：如果 90% 的人反对一件事，这件事就值得去做。

兰世立这句话，我们姑且不论对错，但是有一点他说对了：这世界上确实存在着二八原则，真正优秀的人总归是少数，平庸的是大多数。

当许多人在热火朝天地讨论社会上升通道即将关闭时，他们可能根本没有意识到，即便上升通道没关闭，他们身上的一些特质也正在顽强地阻碍他们进入上升通道。

到底是什么特质阻碍我们成为那少数优秀的人呢？

-01-

对待"建议"的态度

真正的成功者思维对待别人的建议往往是海纳百川，再不济也会把别人的建议放在自己的脑子里，一有机会就自查自省。

可是平庸无为者则常常固执己见，甚至还会把这种固执当成骄傲的资本：你有什么资格给我提建议？

-02-

对待"变化"的态度

越是成功的人越是善于拥抱可能、拥抱变化，任何变化都意味着他们将会有一种新的方法来改变世界，实现梦想。而那些碌碌无为的人则总是固执己见地拿"从来没有"做挡箭牌。

可是"从来没有"不代表"永远不会有"，当历史的车轮轰隆隆转起来的时候，先被碾死的往往是这些固执己见的人。

-03-
对待"改进"的态度

有很多人悲哀地发现，在 30 岁之后，自己从事的所有工作只不过是在重复自己 25 岁到 30 岁之间的工作，自己成了一台只会"重复"的机器。不仅工作的内容始终不变，工作的质量也总是得不到提升。

但是真正优秀的人却并非如此，他们会把"下一次我要做得更好"作为不懈追求的目标，力求每一项工作都有进步。

-04-
对待"分手"的态度

有人说分手见人品，离职同样见人品。那些只会聚焦在上一个老板多么傻、工作多么没有意义的人，永远学不会感恩，更不会发现工作和生活中那些真正值得珍惜的东西。他们永远都把"喷"挂在心上，硬生生地把自己活成了一把锤子，看什么都像钉子，都想敲一敲。

可工作中最重要的不是老板多傻、公司多没前途，而是你在这份工作里到底学到了什么，这份工作对你的人生有什么助益，如何能让你变得更好。

-05-

对待"利他"的态度

真格基金创始人徐小平曾经说过，"利己"和"利他"是一枚硬币的两面，你能在多大程度上帮助别人，就能多大程度接近世俗意义上的成功。

为什么有很多人在工作上始终遇不到贵人？因为他们对别人的"求助"总是一副爱搭不理，或者"这么简单，你自己做"的不耐烦的样子。久而久之，没有人愿意向他求助，更没有人愿意帮助他。

如果你能在繁忙的工作中抽出哪怕 10 分钟，帮助一下别人，把别人教会，你会越来越受欢迎，更重要的是，这样的举动还会愉悦自己的内心。

-06-

对待"无关任务"的态度

虽然同样是拒绝自己职责之外的工作，平庸的人跟那些职场"小红人"往往有很大不同。

前者会非常不耐烦地说"这不是我的活儿"。而很多职场"小红人"则会说，"我现在有很多紧急任务，没办法优先排期"。

虽然同样是拒绝，但是反映出来的两者对工作的态度却是云泥之别。前者只想守好自己的一亩三分地，对任何"额外"的工作都呈现出防御姿态，归根结底是自私和懒惰在作祟。

这世上没有任何一份工作是有绝对明确的职责界限的，即使一份工作与自己完全无关，这种生硬的拒绝方式也会给别人留下很坏的印象。

-07-

对待"责任"的态度

工作中犯错误是难免的，可是如何面对这些错误，是可以在很大程度上影响一个人的职业生涯的。

根据我在职场上的观察，在面对错误、责任时，绝大多数人会习惯性地辩解"这不是我的错"，只有很少一部分人会先放下"辩解"的防御姿态，把团队召集起来分析这个问题，并想办法在未来避免再犯。

前者往往白交学费，因为在他们的潜意识里，这些都不是他们的"锅"，自然也就不用想办法解决问题了。

反复摔进同一个坑里的人，有什么前途？

-08-

对待"积极"的态度

我非常相信"凡事总有一线生机"。与其在面对困难时嚷嚷"我什么都做不了"，还不如看看"有什么是我能做的"。

别让无节制的欲望拖垮你的生活

前几天喜老师给我发微信："阿秀老师能借我 5000 块钱吗？我有一张信用卡还不上了，下个月还你。"

那一瞬间我真的怀疑喜老师的微信被盗号了。

因为生于 1990 年的喜老师是一家娱乐工作室的新媒体总监，工作 5 年就年入 100 万了，在青岛有两套房，还有一辆大奔，算是小小的成功人士了。

在喜老师的解释下我才明白，原来她这几年买房、炒股、买车，好几个项目赔了钱不说，还耽误了很多本职业务，加上今年公司的主业不好做，所以她手头特别紧。

"我这个月收入 10 万，扣掉日常的吃吃喝喝，还有给妈妈的钱，剩下的全还了信用卡和贷款都不够，还差5000 块。"

之前好几只中概股的行情不错，喜老师凑了重金买入了腾讯、阿里等中概股。谁想到先是乐视崩盘，然后又来了一波小股灾，之后又开始打贸易战，中概股跌到一片绿油油。

"你能想象腾讯和阿里的股价都跌了快一半了吗？腾讯

之前的股价还将近 500 港币呢，现在都快 250 港币了！"

"阿秀老师，为什么我发现我越奋斗，离财富自由就越远了？"

-01-

大潮退去你才发现：20% 的人是人力资源，
80% 的人是人力成本

之前在网上看了一个段子，我觉得很有道理。

有人说为什么卖煎饼的大妈都能月入两三万，我上了那么多年学，怎么月入 1 万都费劲？

有人回答说，煎饼大妈是做生意，赚多少都归自己，而且还会拼命把这份工作做好；你是给人打工，时不时还要偷个懒，对老板来说，你根本就是人力成本，凭什么拿很多钱？

你能赚多少钱，就看你能产生多少价值，本质上跟你读了多少年书、是不是白领、每天加多少班没有因果关系（有相关关系）。

一个公司里往往是 20% 的员工创造了 80% 价值，养活了剩下的员工，平时公司高歌猛进的时候当然没问题，一旦行业开始震荡，公司一出问题，这80%对公司"性价比"不高的人就会首先面临冲击。

36氪（关注互联网创业的新媒体以及创业服务平台）曾经采访了戴尔亚太区前销售总监张思宏，当时因为PC行业本身开始走下坡路，戴尔又受到了本土品牌的冲击，所以开始裁员。

裁员首先从中年员工开始，因为一方面他们的职级和工龄摆在那里，薪资福利格外高；另一方面他们的学习能力和意愿、工作的精力，都已经不如年轻人了。

张思宏说他裁了一个40岁出头的中层干部，当那个中层得到裁员通知后为了保持体面,假装镇定地询问了赔偿金。

但这名员工终归还是没忍住，大声质问张思宏："你今天做的这些事，就没想到有一天也会发生在你身上吗？"

这个中层不知道的是，张思宏被委派了5%的裁员任务，如果不裁掉他，自己就会被裁掉。这位中层是他所在的部门中年龄最大、薪酬第二高的员工，不裁他裁谁？

"我也挣扎了半天，实在没办法。"张思宏说。

张思宏后来说："我能理解他，但让我遗憾的是，他到最后也没弄明白游戏规则。"

当你为公司产生的价值没办法覆盖你的人力支出，或者当你的性价比逐渐降低的时候，你离财务自由就渐行渐远了，甚至可能不仅仅是财务自由，就连财务安全都很难保证。

是不是很现实？但是真实的职场就是这样的。

-02-

挥霍的穷人与存钱的富人

你越奋斗就离财务自由越远的第二个原因，就是你的收入追不上你的欲望。

"花明天的钱，办今天的事儿"原本只是一句广告语，但是越来越成为当下很多人陷入财务窘境的真实写照。甚至很多人都已经不再满足于花明天的钱，而开始花明年、后年甚至30年后的钱了。

一旦你堕入了这个陷阱，就会发现，你进入了一个欲望难平的无底洞，钱花得越来越多，与此同时，支付的利息也越来越多。

但消费欲高涨并不全是你的错，日本学者佐藤毅曾经在1986年提出了"充欲主义"的概念，意思是说大众媒体如电视，让观众见识了繁华的商品世界，激发了大家的购买欲和享乐欲，人们会越来越热爱消费。

如果你从来没听过一件东西，那你就不会想要消费它，但现在各种电商、微商，甚至连抖音等短视频平台都在卖货，各种广告无孔不入地勾起你的消费欲望。

赚钱越来越难，花钱却越来越容易，花钱的欲望也越来越高涨。甚至你没钱也没关系，你还有很多信用卡、网贷、××白条、××借呗……

就像年入百万的喜老师，常常笑称自己虽然没到买房、买车自由的水平，但已到了买包和吃喝玩乐自由的地步。

喜老师澎湃的消费能力实在是让我望尘莫及，比如在我看来很贵的包，在她的眼里顶多就是轻奢而已；北京好几家我都没听说过的高端餐厅，都是她来北京出差的时候带我去的。

每个月还信用卡 3 万元，房贷 2 万元，车贷 6000 元，各种吃喝玩买 3 万元……喜老师像很多人一样疯狂透支预期收入，实际上是对预期收入太自信了。

而事实上喜老师根本用不着买一辆豪车，毕竟她家离公司走路也就 10 分钟，而开车反而需要 20 多分钟，之所以买车，完全是基于"反正一辆车也不过就是半年的收入"。

世事就是这么奇妙，潮水总是在人信心最足的时候退得最快。经济形势一旦开始波动，很多人的财务就没那么安全了。

在这个时代，我们之所以距离财务自由越来越遥远，就是因为我们对物质的需求越来越高涨，我们的收入增速早就赶不上欲望增速了。

也许有些人会觉得这是少数人的问题，但是西南财经大学发布的《中国家庭金融报告》表明，中国大约有 55% 的家庭存款是 0。

就像巴菲特说的，"只有在潮水退去时，你才会知道谁一直在裸泳"。但如今，显然裸泳的人有点儿多。

-03-

想要财务自由，就全力投资自己

我刚开始写作的时候，幸运地写出来几篇爆款文章，于是就有各种各样的人来跟我谈合作。

当时我是有点儿飘的，热衷于跟这些人进行各种各样的合作。尽管这些活动费心费力，我最终却发现没有什么大的收获，既没有学到东西，也没有增加多少读者。

后来有个创投圈的前辈跟我说："将军赶路，莫追小兔。"一切创业者的首要任务就是成长，所以最重要的工作就是拼尽全力，让自己快速成长，对无关紧要的事情要敬而远之。

从那以后，我就很少再做这种费力不讨好的事情，专心工作、学习、写稿子，虽说名气仍然没有很大，但在职场和个人成长方面也渐渐有一定的知名度了。

不知道你有没有发现，这个世界上回报率最高的，始终都是全力以赴地投资自己。而且投资自己这件事，你早晚都要面对，你对自己越狠，下手越早，成长的势能和收益的变化也就越大。

也许会有很多人觉得，"每个人都有每个人的活法，我现在这样也挺好"，但实际上现在世界的变化实在太快了，你会逐渐发现，未来吃的大部分苦，根源都是因为当年不愿意做出改变。

"赶集网"和"瓜子二手车"的创始人杨浩涌曾经分享过一个故事：

因为杨浩涌最早是做研发出身，是很优秀的产品经理，而且他手下也有一支非常强的技术和产品团队，产品体验要比当时的竞争对手"58同城"好很多。

但是，"赶集网"始终在营销方面比不过"58同城"，因为杨浩涌始终认为自己不懂营销，那么就找一个懂营销的人来负责这块业务。但杨浩涌始终不愿意花时间去研究营销，导致他对新招来的人是不是真的适合做这块业务都很难判断。

结果就是杨浩涌连续招来的四任营销VP（副总裁）都不能胜任，实在没办法了，杨浩涌只能静下心来学习营销，从对营销团队的激励、人性的把握、组织文化、管理培训等方面一点一点地学习。

难怪后来杨浩涌总结说："以前认为决定一个公司生死的是公司的长板有多长，后来发现短板也一样重要，而且你会发现你犯的所有错误，最有可能出现在你不懂的短板里。"

如果你不愿意改变自己，不愿意适应新的世界，那么这个短板早晚会回来狠狠地抽你。哪怕现在不抽你，未来也一定会抽你。而且我可以向你保证，未来抽得一定会比现在要疼得多。

-04-

想要越奋斗越有钱的 7 个小贴士

1. 用强制储蓄打破棘轮效应

德国理财大师博多·舍费尔在畅销书《财务自由之路》里说："真正能够让你致富的往往不是收入，而是你的储蓄。"

比如你从 30 岁开始，每个月存 200 元，假如以 12% 的年利率来算，你在 65 岁时就会拥有 1049570 元。

当然，现实中我们很难实现 12% 的收益率，但是强制储蓄的好处还是显而易见的，其中之一就是打破棘轮效应。

经济学上的棘轮效应是说人的消费一旦养成习惯，就是不可逆的，只能越花越多。

很多人之所以手上没钱，不是因为赚得少，而是因为花得多。

建议你设立三个账户（银行卡、微信、支付宝都可以），用强制储蓄打破棘轮效应。

第一个账户强制储蓄自己收入的 30%，这不会对你的生活造成太大影响，但是长期存下来的钱会非常可观，这一部分钱无论如何都不能动。如果你存不到这个标准，要么是赚得太少，要么就是花得太多。

第二个账户是你给自己发工资的账户，每个月大致核算自己需要多少钱，就存入多少钱，尽可能地不要花超。

第三个账户是应急和投资账户，这个账户的钱是你用来应对突发事件，以及用来投资的。

前期你要想好一个比例，按照这个比例严格地往账户上存钱，特别是尽可能地不要挪用第一个账户的钱。想办法逼自己去多赚钱，不要老是打自己那点存款的主意。

2. 研究最重要的事情，必须先干起来

仔细梳理自己手上的业务，看有什么事情是你做了就一定能取得突破的。这件事情也可能很难，也可能要很久才能看到价值，但是如果你认为这件事情大体靠谱，就先干起来。

3. 放弃一切不重要的事情

任务管理上，不管你是创业也好，还是做普通工作也好，你一定要抓住工作中最核心的事情做，把其他不重要的事情全都放弃。

在时间管理上，经纬投资的创始管理合伙人张颖就从不浪费自己任何一丝时间去做不重要的事情。"我几乎没有任何社交，我不跟同行打交道，没有饭局，几乎也没有

朋友。"

尽管做到张颖这样很难，但你可以把手机里的游戏、娱乐类 App 尽可能地删掉，它们太浪费时间了。

4. 投资自己

投资自己是一项系统性的工程，不光是要为自己花钱，更重要的是要为自己花时间，让自己变得更好。

形象投资：尽可能让自己打扮得干净、得体，同时管理好自己的身材。

知识投资：定期关注通识讲座和专业讲座，多读书，了解这个世界上那些优秀、智慧的头脑在干什么、想什么。

健康投资：多运动，常体检，优化自己的膳食结构（避免高油高糖高盐，补充优质蛋白质）。你越会吃，越会动，你的精力就越好，你的工作也就完成得越好。

5. 定期自我复盘

有人说成长归根结底就是跟自己做斗争。

那怎么才能成长得更快呢？定期自我复盘就是一个很好的方法。

比如你可以每周末拿出半天的时间，回顾这一周有哪些得与失，有哪些可以改进的地方。

发现问题才可以看到前路，解决问题才能向目标更进一步。

6. 越是重要的事，就越要做

真正的长跑者的思维应该是：今天不想跑，所以才去跑。

很多时候你不是不知道一件事情的重要性，但是你只是不想去做，越是这个时候越要告诉自己，要看到长远价值，要坚持下去。

7. 相信时间的力量

做任何事情，你都要成为时间的朋友，不能操之过急。

一件事情之所以有价值，首要原因就是花的时间要够多、够长，而且这是没有捷径的。

所以，不管是储蓄、理财，还是投资自己，都要有足够的耐心。

欲速则不达，一点点地来，你就会发现你越奋斗，离财务自由就越近。

没有耐心等待成功，只能用一生等待失败

前几天有个在以太资本做 FA（融资顾问）的朋友找到我，说："现在大家越来越没有时间和精力深度学习了，我们合作一个专门筛选知识付费课程的公众号怎么样？"

我好一会儿都没回过神儿来。

知识付费打的旗号就是在纷繁复杂的知识海洋里帮你精选知识，让你充分地利用碎片化的时间学习。

可我朋友竟然想在知识付费课程里再做一次精选。

难道现代人真的连这点儿耐心都没有了吗？

想想我周围的朋友们，还真就是这样。以前打电话 10 分钟才能说清的事儿，后来要在 1 分钟内的语音里说清，再后来大家连语音都不愿意听了，甚至连超出 100 个字的信息都不太愿意读了。

-01-

没有耐心已经成了时代的共性

一个互联网团队的领导问产品经理："这个产品多长时间能做出来？"产品经理回答说："我们三个人全力做，需要两个月。"

领导大手一挥，说："我再给你三个人，一个月要见成果！"

产品经理慢条斯理地说："老板，一个女人生孩子要怀胎 10 个月，那 10 个女人生孩子难道只需要怀胎一个月吗？"

在这个浮躁的时代，每个人的内心都住着一个拒绝等待的闹钟，每三五分钟就催促着人们快一点儿，再快一点儿。

我们毫不在意万事万物都有自己的发展规律，我们整天心急如焚，恨不得马上得到一切，做什么事情都想一蹴而就，害怕来不及结婚生子，害怕来不及功成名就，害怕一切都来不及……

没有耐心，成了这个时代人们的共性。

-02-

我们为什么会越来越没耐心：因为"凡事第一"

心理学家斯特纳这样说：我们越来越浮躁的原因就是经常同时处理多重任务，我们越来越渴望同时实现多个目标。

但问题在于，越是急躁，运算容量有限的大脑就越是疲惫，控制心态的力量逐步减弱，我们也就愈加没有耐心、不能专注。

美国知名个人管理大师史蒂芬·柯维说："任何有效的管理都必须遵循'要事第一'的原则，把无关紧要的事情剔出去，是成就高效能人生的一大关键。"

要知道真正重要的人生，应该做真正重要的事情，不应该被无关紧要的小事所牵绊。

我们常常遵循的是"凡事第一"，把所有的事情都放在了同等优先的位置上，把我们有限的心力平均分配给了太多无足轻重的小事。

无力掌控一切的大脑越来越疲惫，于是就总问你："亲，好了吗，能再快点儿吗？"

可其实很多事情没那么重要，不值得你为此变得"没耐心"。

-03-

================

要有耐心等待成功

20 世纪的传奇推销大师汤姆·霍普金斯在宣布退休时，曾经办过一场门票 3000 美元的退休演讲。鉴于霍普金斯的盛名，3000 张票一售而空。

到了开场时间，大幕拉开，台上有一根大铁链吊着一个巨大的铁球。

霍普金斯邀请两个年轻力壮的男士用铁锤猛敲铁球，想让铁球动起来，结果敲了半天也丝毫不见效果。

就在观众等待霍普金斯对此做出解释的时候，他默默地拿出了一把 50 克的小锤子，每隔 4 秒钟就轻轻敲击一下铁球。就这样 10 分钟、半小时过去了……越来越多的观众开始躁动。这时，主持人说不愿意继续听演讲的人可以退场，3000 美元原数退回。台下的观众瞬间走了 1/3。

又过去了 20 分钟，台下又走了 1/3 的观众。

又过去了 17 分钟，台下只剩下了 300 名观众。

不过好在剩下的人也等累了，他们就静静地看着霍普金斯一言不发地用那把小得可怜的锤子敲击铁球。

就在演讲还有几分钟将要结束的时候，前排的一位女士突然发出了尖叫："球竟然动了！"

霍普金斯竟然用一把 50 克的小锤子，敲动了几吨重的大铁球，而且这巨大的铁球在他的敲击过程中随着铁链越荡越高……

后来霍普金斯在如雷的掌声中鞠躬谢幕，说了本次演讲唯一的一句话："没有耐心等待成功的人，只能用一生等待失败。"

可惜我们都不懂得这个道理，我们都想尽快、尽快、尽快地到达成功的彼岸，我们觉得只有"快"的东西才有价值，殊不知"耐心等来"的东西弥足珍贵。

那我们该如何培养自己的耐心呢？

-04-

培养耐心的 4S 方法

所谓 4S 方法，即要事第一（significant）、细分（small）、缩短（short）、放慢（slow）。

1. 要事第一

曾经在《纽约时报》畅销书排行榜上占据 25 年的《高效能人士的七个习惯》里说：最重要的事情，只有一件。

所以，你需要做的是只关注那一件最重要的事情。不要让"多个任务"把自己弄得很疲惫，这很容易让你走向不耐烦，甚至想要放弃。

2. 细分

当你面对一个宏大的目标时，你需要把这个大的目标细化、分解为一个个简单的小目标，并保证自己对每一项工作分配了相应的心力。

这样做的目的并不仅仅是把工作分解成你的心智能够控制的小任务，防止你的内心产生畏难情绪，更是让你有完成小任务时塑造"尽在掌控"的心态，重拾对内心的控制力。

3. 缩短

要提高你对一件工作的耐心，最好把工作时间缩短。

心理学家安德斯·艾利克森在对柏林的小提琴学生进行研究时发现，那些成绩优异的小提琴学生，常常会适当地缩短每一次练习小提琴的时长，一般控制在半小时以内，防止自己失去耐心。

顺利掌控一小时对任何人来说都不太困难，如果你能够反复掌控一个又一个的"一小时"，你就会重拾掌控力。

4.放慢

禅宗非常讲究"慢"对修行的意义。卡巴金博士创立的正念冥想法也借鉴了禅宗对"慢"的推崇。

我还在本科学习心理学时，老师就引导我们在生活中体验"慢"的意义，例如当你慢慢地咀嚼葡萄干时，就会发现葡萄干比往常更甜；你用尽可能轻柔、缓慢的动作抚摸一块布料，也会尽最大可能地感受布料的材质。

慢的意义在于你能够时刻关注到自己当下的心态，能够时刻提醒自己"别失去耐心，你才能做自己心境的掌控者"。

30 岁前，一定要完成哪些人生规划？

我最近在朋友的推荐下看了 BBC 一部非常优秀的纪录片《人生七年》，非常震撼。

导演似乎想要证明富人的孩子还将是富人，穷人的孩子多半还将是穷人。导演选择了 14 个不同阶层的孩子进行跟拍，每 7 年记录一次，分别是他们 7 岁、14 岁、21 岁、28 岁、35 岁、42 岁、49 岁，一直到 2012 年他们 56 岁时的生活。

这部 150 分钟的片子基本上证明了导演最初的观点：社会阶层的鸿沟是很难逾越的。

是这些穷人不努力吗？是他们没有机会吗？是他们的基因不好吗？

这些都不是根本原因。在这些穷人的孩子里不乏天赋绝佳、工作拼命、机会多多的人，但他们大多过得不甚如意。归根结底还是因为没有人帮他们正确地规划人生，在人生的岔路口上没有做出正确的选择。

那么哪些规划是越早做就越好的呢？

-*01*-
====

人生路径规划

这是让人非常难过却又很现实的问题：这些孩子 7 岁时，富人家长已经告诉孩子要常看《金融报》和《观察家》，让他们开始对社会和财富运行规律有所了解。他们也会告诉孩子，未来他们会上私立中学，考上牛津、剑桥，走入社会上层。一切都被预设好了。

而在相同的年纪里，贫民窟的孩子则基本都在为温饱、家庭暴力、校园暴力所困扰，这时候的他们和他们的父母都完全没有规划人生的意识。

在这些孩子 56 岁的时候，富人家的 7 个孩子基本都按照父母的预设走入社会上层；底层社会的孩子后来大多做着普通的服务性工作，如修理工、保安之类，而他们也常与失业、贫穷、酒精、毒品、肥胖相伴。

其实现实生活里也不乏寒门出贵子的事例，这些寒门子弟成为贵子的根本原因是：他们选择成为成功的人，他们愿意规划人生，尽力跳出原来的圈子去同那些更加优秀的人交流、学习。

人和人之间最本质的差别不是技能，而是认知。这些成为贵子的寒门子弟首先都要对成功有所渴望，在树立目标的前提下制定自己的人生规划，他们对财富积累、被动收入、自我管理都有了一定的认识。当机会到来的时候，他们就能一下抓住，即使抓不住，他们也会积极地创造、等待下一个机会。

能够规划自己人生的穷人，虽然现在没钱，但不代表将来也没钱。可是缺乏规划、目标意识的穷人，即便是给他一个机会，他也不会意识到这是个机会。

建议：

1. 青天不算高，人心第一高。青年人一定要对未来和自己有信心，这是基础。同时也要认识到，如果想要打破社会阶层壁垒，仅靠你这一代人未必能够实现，要有足够的耐心。

2. 胡适告诫儿子：做人要做第一等人。凡事要做到最好，读书要尽可能去好的学校，工作要尽可能去好的平台。这不是贪求虚名，好的平台给你的眼界、资源和机会是完全不一样的。

3. 选择行业、职业，第一看这个职业是不是社会长期刚需，例如医生、飞行员，受外在因素影响较小且收入相对较高；第二看这个行业是否在快速发展，如果这个行业的发展已经陷入迟滞，最好远离。

4.给自己设立一个比自己现在的能力高得多的目标，然后把这个目标分解，再去研究如何达到这个目标，去学习，去实践，拼尽一切努力实现。

-02-

身体和欲望规划

一个人成功与否，知道该做什么还是其次，知道不该做什么才更加重要。知乎上就有一个关注量超过 10 万的热门问题：年轻人千万别碰哪些东西？

这些答案触目惊心，黄、赌、毒、邪教、传销……好多你以为只会出现在狗血电视剧里的事情，都很真实地发生在了现实生活里。

归根结底，那些回答里讲的年轻人大都是扛不住欲望的诱惑，对自己的身体又看得轻贱，最终染上了艾滋病、毒瘾、赌瘾，或者陷入对快钱的渴望，走上了不归之路。

另一件一定要做的事就是对身体、健康的管理，说白了就是运动、控制体形、控制饮食。因为不运动的胖子跟常运动的瘦子的工作、生活状态真的不一样。

你连自己的体重都控制不了，谈何控制人生？这样说不是没有道理，《人生七年》里精英阶层的安德鲁和乔治在56岁时还保持着较好的体形，属于中产阶级公务员的彼得夫妇身材也较好；但是底层阶级的男主们和他们的妻子基本都肥胖臃肿、秃顶严重，他们有好几个在年轻时都是非常英俊、美丽的。

优秀的家庭背景不仅仅代表着更丰富的资源，重要的是能传递给孩子优良的生活和自我管理习惯。这些孩子在自我管理、抵抗诱惑的时候会更加有毅力，更加自律自强。

年轻人一定要好好规划自己的健身和欲望管理计划，前者是为了让你更好地工作和享受生活，让你有更强的毅力和活力，后者是为了让你不至于因为一时的欲望，毁掉要用一辈子的身体。

建议：

1.性、快钱、美食，可能谁都想要，可是你一定要想清楚自己是要一时的快感还是长期的满足。这样的纠结可能会伴随人一辈子，但是只要选错一次就是深渊。

2.千万不要接近赌博、嫖娼、吸食毒品的人，这些人在长期的思想斗争的过程中坚定地认为自己是对的，如果你接近他们，就可能会被拖下水。

3. 放弃那些吃了会让你难受的食物，尽可能远离高油、高糖、刺激的食物。

4. 制订长期的健身计划，尽可能地花钱请私教，特别是如果你坚持不下来，就让私教督促你。胖子和瘦子，特别是身材好的人的人生体验真的不一样。

-03-

刻意学习与练习的规划

大家都知道学习和练习的重要性，但是绝大多数人都是非常泛泛且缺乏体系、没有重点地学习。这种学习好像在浇田时用大水漫灌，事倍功半。但很多人就是推崇这种空有"努力"的学习。

英国畅销书作家格莱德威尔曾经提出的一个非常知名的1万小时定律：想要从一个普通人成长为该领域的专家，至少需要1万小时的练习（按每天工作8小时，一周5天，大约要 5 年）。

可从业超过 5 年甚至 10 年的程序员多了去了，有几个成了比尔·盖茨、扎克伯格？

大水漫灌式的学习、练习，远远不如喷灌、滴灌式的刻意练习、学习来得高效。

这种刻意学习需要你在对自身问题有深刻了解的前提下，通过实践不断地加深对自己和所处领域的认知，同时不断地接收来自别人的反馈（可以主动询问比你优秀、厉害的大牛），规划自己的学习计划。

在这里我们可以引入"改善率"的概念，即重要的不是你学习了多少新东西，而是你改正了多少错误，弥补了多少短板，根据你的需要学习了多少新知识。

亿万富翁马克·安德森曾在谈到扎克伯格时说："如果你有机会同扎克伯格这样伟大的 CEO 待在一起，你就会发现，其实他们每个人都是百科全书式的专家，他们对本行业或者对其他领域都有很深的了解，这些都是通过刻意学习、训练得来的。"

要取得成功，重要的是"改善率"，有针对性地解决自己的问题，有重点地了解相应的知识，而非宽泛的学习。

建议：

1. 尽可能多地阅读行业报告、公司财报，对相关领域有通盘了解，知道自己需要了解但不了解什么，有针对性地学习、练习。

2. 每周定期自我总结，不管是工作上的还是生活上的，要敢于发现自己的问题，然后想尽一切办法改正。

3. 找一个段位比自己高且愿意帮助自己的人做自己的导师，并建立相应的反馈机制，多多听取对方的意见。有句话说得很好："迷茫时不要求助于最亲近的人，要找身边最有智慧的人。"

-04-

对家庭的规划

除了我们自己的身体之外，能够陪伴我们最久，给予我们最大支持的就是我们的家庭了。有一句话是这样说的："一生中跟我们有密切联系的人应该不会超过 100 个人，甚至 30~60 人这个数量级别都是正常的，亲人就是其中最密切的人之一。"

很多人可能根本没有意识到家庭对人的影响有多大。电影里一个叫苏的女孩，离婚后自己带着孩子生活，经历了一段人生低谷，再婚后夫妻生活很和谐，事业也渐渐有了起色。另一个女孩则嫁了两次离了两次，生下的几个孩子也都因为种种原因没有上大学，自己身体不好，还遭遇了一系列的情感打击，最后只能靠救济金过活。

其实不仅仅女人是这样，男人找到一个好的妻子对人生的改变也是极其显著的。女人找老公是托付终身，男人找老婆又何尝不是呢？

美国作家约翰·威廉斯的小说《斯通纳》中的主人公威廉斯·斯通纳就是一个很鲜明的例子。作为大学老师，本来还算是年轻有为的他，因为冷漠的妻子、疏离的女儿、活力全无的家庭，耗尽了他对生活的最后一丝热情，最终只好孤独地面对死亡。

一段糟糕的婚姻牵扯甚广，能够影响你的心情、事业、父母、生活，而且即便是你遇到了下一份感情，你也要费心费力地处理上一段的遗留问题，如果已经有了孩子，还要应付你失败的婚姻给孩子带来的伤害。

所以，在选择另一半组建家庭时一定要慎之又慎，要仔细地考虑什么对你是最好的，什么对你的另一半是最好的。

在处理感情问题时，也可以适当地学一些技巧，避免因为自己没有处理矛盾的经验伤害了自己珍惜的感情。

建议：

1. 找一个能聊得来、有共同志向，能够互相包容的另一半，在一起的时候相互珍惜，别"作"。

2. 要尊重（自尊和尊重别人），要理解，要平等，需要单方面付出的不是爱情，更不会长久。

3. 最多生两个孩子，要知道你的人生也属于你自己，不要把一辈子都放在孩子身上。

4. 尽可能多挣钱来提高生活水平，比如做斜杠青年，如果不行，量入为出。

5. 学会攒钱、理财、买保险。

总之，有些人生规划还是越早做越好，当你醒悟过来到底是什么把你和别人区分开来的时候，你往往已经没有追赶的余力了。